進化系メダカ鉢

足し水だけで汚れを押し流す

足し水だけで、水を入れ換えることができるメダカ鉢です。傾斜のあるすり鉢状の底面で集めたメダカのフンなどの汚れを、足し水で押し流すことで水をキレイに保ちます。雨でもメダカが流れ出ません。

水換えラクラク

水換えは足し水でOK!

汚れは底面の中心に

底に溜まった汚れを排出!

組み合わせで無限に広がる理想の飼育スタイル

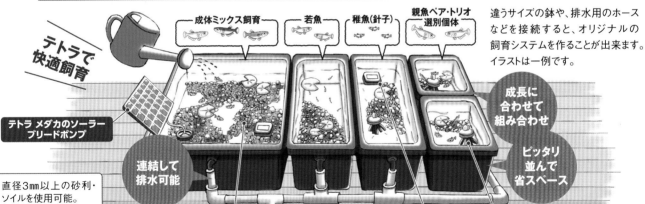

違うサイズの鉢や、排水用のホースなどを接続すると、オリジナルの飼育システムを作ることが出来ます。イラストは一例です。

テトラで快適飼育

成体ミックス飼育　若魚　稚魚（針子）　親魚ペア・トリオ　選別個体

成長に合わせて組み合わせ

ピッタリ並んで省スペース

テトラ メダカのソーラーブリードポンプ

連結して排水可能

直径3mm以上の砂利・ソイルを使用可能。汚れの排出能力は弱くなりますが、卵や針子を流さず飼育できます。

テトラ メダカ ラクラクお手入れ砂利／テトラ メダカの天然ソイル

テトラ メダカの浮かべるデジタル水温計

テトラ メダカのゆりかご産卵床

【使用している資材】パイプ：VP20塩ビパイプ／ホース：内径15cm園芸用ホース

テトラ じょうろでキレイメダカ鉢

サイズラインナップ

20黒
(20×22×19cm/約3.5ℓ)

40黒
(40×22×19cm/約8ℓ)

丸30みかげ／黒
(30×30×19cm/約6.5ℓ)

NEW
40×40黒
(40×40×19cm/約15.5ℓ)

NEW
丸45みかげ／黒
(45×45×19cm/約14.5ℓ)

テトラ メダカのソーラーブリードポンプ

曇り空でもしっかり働くソーラー可動式エアポンプ

屋外で使用できる電源のいらないソーラー式エアポンプとメダカをエアレーションの水流からやさしく守るバブルガードリングのセットです。

設置例

バブルガードリングなし　バブルガードリングあり

水流の発生、水面のゆらぎを抑えるバブルガードリング

NEW

スペクトラム ブランズ ジャパン株式会社　〒220-0004 神奈川県横浜市西区北幸2-6-26 HI横浜ビル　https://spectrumbrands.jp/

"ブラックリム" 系統の魅力

"五式 Type-R God リアルロングフィン" 独特な赤と黒の色合いを持つ "ブラックリム" 系統は年々、ヒレ長の要素などを加えられ、改良メダカの世界でも一つの人気のあるカテゴリーを作り上げている 撮影個体／『桃ちゃんめだか』

"ブラックリム" という呼称は、「鱗が黒く縁取られる」意味を英語表記した「Black Rim」からのカタカナ読みをしたものである。

現在では、"五式" が "ブラックリム" 系統の代表的なものと認識されているのだが、ルーツを辿れば、広島県東広島市にあった『めだか本舗』の二ノ宮氏が2007年に作られた "オーロラ" と呼ばれるメダカが "ブラックリム" の始まりだったと思われる。2008年にその "オーロラ" をオレンジ体色、ピンク体色、グリーン体色のメダカと交配、"クリアブラウン"、"ベビーピンク" がリリースされ、"オーロラ" 系統がメダカ愛好家、メダカの作り手の手に渡ったのである。

そして、決定的な "ブラックリム" 系統が作り出されたのは、広島県府中市、福山市を中心に交配、改良が進められた、"紅薊"、"乙姫" の血統が作り出されたのである。

本誌の48〜49ページに掲載させて頂いた、故瀬尾開三氏が作られた、瀬尾さんが「薊（あざみ）」と呼ばれていた交配系統から、福山市在住の神原美和氏が "紅薊" と命名され、現在見られる "紅薊" に系統立てられ、同じ福山市在住の深川善正氏が "来光" を、また "紅" × "クリアブラウン" の交配で、『栗原養魚場』の栗原道男氏が "乙姫" を作られたのである。2017年頃より、『メダカ百華』の取材で、広島県福山市近辺に頻繁に取材に出向くようになり、"あけぼの" の作者として知られている岡山県笠岡市在住の小寺義克氏が "乙

姫" × "灯" の交配から "華蓮" を、福山市在住の近藤泰幸氏は "紅薊" の透明鱗性の目を普通目に変えながら、体色のオレンジ色を鮮やかにされた近藤系 "紅薊" など、ちょうど、2022年以降、九州のメダカ愛好家が競い合うように "ブラックリム" 系の交配系統を作っているように、2017年頃は広島県福山市、岡山県笠岡市周辺在住のメダカの作り手が競い合うように瀬尾さんの作られた "薊"、栗原さんの作られた "乙姫" を使い交配、系統立てが盛んだったのである。

2017年、埼玉県秩父市にある『しいらめだか』の岡本氏が、"黒蜂" × "栗神" の交配から選抜された独特な体色をした "五式" をリリースされた。"五式" の顔付き、色柄からは、"ブラックリム" 表現が現れており、"黒蜂" あるいは "栗神" に、「薊（あざみ）」と呼ばれていた系統、あるいは "星の煌" 系統が分離して出来たものと考えられる。"五式" は "オーロラ" 血統を持っており、当初の "五式" からは "オーロラ" 血統を持たない黒褐色の "琥珀" のような個体も分離していた。その後、"乙姫（黒龍姫）" を交配した "銅五式" が作られ、それが交配され、より "ブラックリム" 血統が濃くなったものが、以後の "五式" のバリエーションを増やしたようだ。"オーロラ" 血統の赤黒のメダカ、それが "ブラックリム" 系統である。最近では、バタフライタイプのヒレ長化、"北辻ヒレロング" 化など様々な交配が進められ、"ブラックリム" 系統は一つの注目される一群になっている。

"ブラックリム"血統とは？

"五式"という呼称が知られるようになってから、"ブラックリム"を持つメダカの人気が高まり、"五式 Type-R"と呼ばれる濃い朱赤色を持つタイプの登場によって、その人気は確固たるものになったと言える。

この"五式 Type-R"という系統のルーツは、"紅薊（べにあざみ）"、"煌 Part-1"と呼ばれる系統にある。広島県福山市近辺で作られた独特な表現を持った"ブラックリム系"の品種である。"紅薊"は、広島県福山市在住の神原美和氏が命名された、赤と黒が織りなす色彩を持ったメダカで、元親は、福山市在住の瀬尾開三氏のメダカで、その系統は、"星の煌（きらめき）"の呼称で『金龍さつき園』から多数のメダカ愛好家の手に渡った。"煌　part-1"として紹介される系統はその子孫である。"クリアブラウン"などの"オーロラ"系統に紅白系統、"ピュアブラック"などを交配したものが、瀬尾さんの作られた"ブラックリム系"だったと言われている。濃く厚みのある朱赤色に染まる姿は見応えがある。鱗辺の黒色は屋外で飼育するとさらに強くなる。背面に強く黒色が表れる個体もおり、横見、上見共に楽しむことができる。

もう一つ、"ブラックリム系"の元祖と言える系統が"乙姫"である。"乙姫"は、広島県福山市の『栗原養魚場』の栗原道男氏が作られた朱赤色の濃い、やはり赤と黒の体色が魅力のブラックリム系の品種である。"クリアブラウン"に"紅"（楊貴妃透明鱗光）を交配したのが最初で、両親とも光体形だったので、"乙姫"も光体形でまとめられた。濃いオレンジ色の体色で光体形の整った姿は、水槽での横見も楽しめる。この"乙姫"の傍系が、四国経由で"黒龍姫"の名称が知られるようになったのだが、大元は"乙姫"である。

この"紅薊"、"乙姫"血統は、広島県福山市、岡山県笠岡市周辺では様々なメダカと交配された時代があり、透明鱗三色に"紅薊"、"乙姫"血統が交配された、独特な濃い朱赤色をもった透明鱗三色も"紅薊"血統が含まれているのである。"五式"系統の人気を再燃させたきっかけが佐賀県三養基郡でメダカを作る『チャチャめだか』さんの"五式 Type-R God"が知られるようになったことであろう。"五式"に"銅五式"と呼ばれる"五式"×"乙姫"（交配に使われたものは"黒龍姫"）を掛け合わせたことで、より"ブラックリム"特有の赤黒さが増し、一気に注目を集めた。現在では各ヒレ長系統との交配も進められ、"ブラックリム"を持つ系統のバリエーションは多様化している。そこがまた面白さを倍増させているのである。

2017年以前に、"ブラックリム"と呼ばれるようになる一つの血統は、広島県府中市在住の故瀬尾開三氏によって作られていた

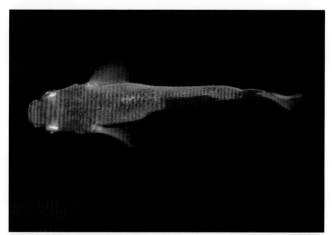

2018年撮影当時の瀬尾開三氏の"ブラックリム"系統の初期型に近い個体

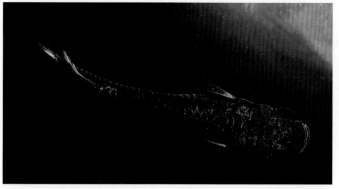

2017年7月に撮影したリリース当初の"五式"　初期型を見れば、"紅薊"血統が見えていることは明らかだった
、

2018年10月に撮影した"五式 Type-R"　上見はほぼ"紅薊"であった。当時は"紅薊"、"乙姫"は広島県福山地区、岡山県笠岡地区では一般的であったが、全国的なものではなかったために、"五式 Type-R"の呼称が広まった

"紅薊" 広島県福山市在住の神原美和氏が、瀬尾開三氏の種親から選抜交配して命名された系統。神原さんの繁殖個体で、この個体は光体形。"ブラックリム"系統のルーツは、"星の煌"、"紅薊"にあることは揺るぎない

2008年撮影の"クリアブラウン" "オーロラ"血統の交配系統として『めだか本舗』よりリリースされた

『めだか本舗』がリリースした"オーロラ" 「オーロラ」の呼称はこの魚から徐々に知られるようになった

"黒蜂" "五式"作出過程で使われた系統で、右の個体は透明鱗を持ち、この個体はほぼ普通鱗のもの。この透明鱗性の有無も、初期の"五式"で拘られていた

"黒蜂" "五式"作出過程でこの"黒蜂"が交配に使われた。透明鱗の個体である

2020年当時の"五式 Type-R"。この個体は目は普通目で、「五式真」として坂木さんが維持していたもの 撮影個体/『河口湖めだか』

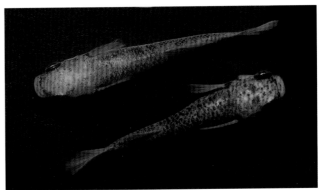

"黒龍姫"の呼称で知られている"乙姫"直系の系統。この魚を"五式"と交配したものが"銅五式（あかがねごしき）"と呼ばれ、その後の"五式"系統の変化に大きく影響を及ぼした

五式系統の様々な表現

"舞華" 『めだかっこキングダム』の野崎卓児氏が作る系統で透明鱗性が各ヒレの朱赤色の色飛びに効いているのだろう

"五式 Type-R" と呼ばれる独特の赤さと黒さを兼ね備えた系統は、ここ最近、全国各地の愛好家の手によって、ヒレ長化、ワイドフィン化、北辻ヒレロングからのワイドフィン化と様々な系統が作られる注目度の高さを見せている。

そもそもの "五式" の作出過程は透明鱗三色の一系統 "栗神（くりかん）" と "黒蜂" の交配によって作られたとされており、子孫の分離する色柄から見て、"黒蜂" か "栗神" どちらかから "紅薊" 系統のブラックリム系の血統が入っていたことは明らかである。そのため、累代繁殖によって分離された "Type-R" と呼ばれる系統は "紅薊" 血統が出てきたものなのである。

現在、"Type-R" が多くのメダカの作り手に使われ、様々なタイプの "五式" 系統が作られている。これはもう "五式" 系統ではなく、"ブラックリム" 系統なのだが、広く知られるようになった "五式" の呼称が解りやすいこともあり、広く使われているのが今日である。

『チャチャめだか』の小田伸一氏が "五式 Type-R" に "銅五式" の交配によって作られた "五式 Type-R God" は、元々の "五式" より体の黒さの厚みがある系統として作られており、オリジナルを超えたメリハリのある色柄で高い人気を得ている。現在、進められているトレンドは、"ブラックリム" の "紅薊" 特有の濃い朱赤色と、より黒さが強い色合いのコントラストを作る方向性であると言える。「どこに主眼点を置くか？」が、この "五式" タイプの表現を作ることに重要である。「黒くするのか？独特の濃い朱赤色をどこに残したいのか？」それを決めながら種親選びをしていきたい。

様々なヒレ長表現もまた、この "ブラックリム" 系の良さを強調しており、今後も高い注目度を保ち続けるだろう。

"五式 Type-R God" の松井ヒレ長個体　撮影／『チャチャめだか』

"アルベル" のハウスネームが付けられたワイドフィン系統　撮影個体／『我流めだか』

"クラミツハ　乱" 光体形 「朱赤丹頂透明鱗ブラックリムのスワロータイプ」が、"クラミツハ　乱" である。その光体形はより豪華に、優雅に見える　撮影個体 / 『美心めだか』

"九十九（つくも）" のハウスネームが付けられた "五式 Type-R" 光体形× "北辻ヒレロング" の初期型を交配して進められている系統　撮影個体 / 『美夜古めだか』

"竜章鳳姿" の呼称で知られる "乙姫" のバタフライタイプ　優雅な姿で高い人気を得ている　撮影個体 / 『Aloha めだか』

"五式 Type-R 光体形スワロー"　黒勝ちの個体。スワローの個体毎に違うヒレの軟条の伸長が楽しい　撮影個体 / 『我流めだか』

"五式 Type-R" 光体形× "武衆" の交配からのF4個体。"武衆" は『Next Medaka』さんが "飛燕"× "卑弥呼" の交配で作られた "天翔（あまがけ）" に "五式God　炎" を交配した人気系統　撮影個体 / 『鎖めだか』

五式 Type-R、Type-B

"GOSHIKI Type-R & Type-B"

埼玉県秩父市にある『しいらメダカ』作出の"黒蜂"と透明鱗三色の一系統"栗神"の交配をベースに選別、改良された黒色ベースに赤橙色がヒレ上や体の各部位に乗ったメダカである。透明鱗性の個体が本来の"五式"だとされている。"黒蜂"か"栗神"どちらかから"ブラックリム"系の血統が入ったことは明らかで、累代繁殖によって分離された"Type-R"と呼ばれる系統は"紅薊"体色と言える。また、ブラックリム系の血統が外れると、琥珀メダカの体色を黒褐色にしたような姿となる。「ブラックリム系と非ブラックリム系の血統が融合している系統」が"五式 Type-B"と呼ばれるメダカなのだろう。

"五式Type-R"のオス　黒と独特な濃い朱赤色の二色の織りなす体色が多くのメダカ愛好家を魅了している

"五式Type-R"の若魚

"五式 Type-R"　オリジナルの"五式"に"銅五式（あかがねごしき）"が交配されたことで"五式"のバリエーションは大きく拡がったと言える。"銅五式"は、"五式"×"乙姫（黒龍姫と呼ばれていた系統）"で作られた系統で、光体形の遺伝子だけでなく、"紅薊"とは異なるもう一つの"ブラックリム"系の遺伝子が導入されたのである。現在では、"五式Type-R"を中心に多くのメダカの作り手によって色合いの濃淡の違い、ヒレ色、ヒレ長など様々なタイプの"五式"が作られている。　撮影個体/『まなちゃんめだか』

"五式 Type-R"のペア。基本的な色合いは頭部、背ビレ、腹ビレ、尾ビレの上下端、腹部のキールに"ブラックリム"系特有の濃い朱赤色が発色することで、黒さの厚みのある個体も作られるようになっている。独特な濃い朱赤色を保つためには、微量元素が含有されている水質の方が有利とされている。まずは、自分の飼育場で累代繁殖をして、発色を観察するようにしていきたい　撮影個体／『横浜めだかファクトリー』

"五式 actII"と呼ばれる系統の光体形　黒さの厚みがある迫力も感じられる個体である　撮影個体／小野博隆＆寿恵

"五式 Type-R"　黒勝ちの個体だが、吻端や各ヒレ、そして腹部のキールに覗く朱赤色が良い雰囲気を醸し出している　撮影個体／『豊めだか』

"五式 Type-R"のオス　典型的な個体と言えるだろう。まずはこういった普通体形の"五式 Type-R"を飼育し、自分の飼育場で繁殖させることで、"五式 Type-R"の魅力を知ることが出来るだろう

"五式 Type-R God"　佐賀県三養基郡でメダカを生産されている『チャチャめだか』さんが"五式 Type-R"×"銅五式"の交配から進めてきている系統。高い人気を得ている

"五式 Type-R God" 系統

"GOSHIKI Type-R God" bred by CHACHA MEDAKA

佐賀県三養基郡在住の『チャチャめだか』、小田伸一氏が、"五式 Type-R" に "銅五式" を交配された系統が「God」と呼ばれる系統の基礎になっている。"銅五式" には "乙姫（黒龍姫）" が交配されており、より "ブラックリム" 表現は強く現れる傾向がある。

この "五式 Type-R God" がリリースされるようになり、一気に "五式系統" の魅力が広く知られるようになったと言っても過言ではない。

"五式 Type-R God" 『チャチャめだか』さんでは、この "五式 Type-R God" から "炎"、"黒炎"、"炎 朝霧" などを系統立てて維持されている

"五式 Type-R 北辻 God" "五式 Type-R God" に "北辻ヒレロング" を交配され、ワイドフィンにした系統。この個体は光体形

"マタカタイ" "五式 Type-R God 炎" × "北辻ヒレロング" で進められているワイドフィン系統

"田（でん）" "五式 Type-R God" を松井ヒレ長化した系統。同じ松井ヒレ長の "宙（ちゅう）" も知られている

"クラミツハ"

"KURAMITSUHA" bred by BISHIN MEDAKA

佐賀県佐賀市在住の『美心めだか』、山崎心也氏が、"五式Type-R" を見て、その赤さを活かしつつ、水槽の中でも黒さを保てる背地反応のないメダカを作ろうと、"五式" 作出の一方の種親となった "黒蜂" と "紅薊" を交配、さらにアルビノ系統を交配して進めてこられた系統が "クラミツハ" である。「クラミツハ」は日本神話や古事記に出てくる「闇御津羽神」に由来する呼称で、"クラミツハ" の黒さを「闇のように」感じられての命名。"五式Type-R" の血統は混ざっていないオリジナルの "ブラックリム" 系統である。
写真は "クラミツハ 乱"

"クラミツハ 雅" 「朱赤丹頂透明鱗ブラックリム」タイプ。早熟ヒレ長タイプと言われ、泳ぐ優雅な姿が魅力的である

"クラミツハ 乱" 光体形 「朱赤丹頂透明鱗ブラックリム」のスワロータイプ

"クラミツハ 茜" 「朱赤丹頂透明鱗ブラックリム」タイプ

"クラミツハ 茜" 「朱赤丹頂透明鱗ブラックリム」タイプ。黒勝ちの渋い感じになる系統

『ブラックリム合作プロジェクト』系統

Strain of Black-Rim Collaboration Project By Mr. S. Oda & Mr. S Yamazaki

"五式 Type-R God"の『チャチャめだか』、小田さんと"クラミツハ"作出の『美心めだか』、山崎さんが2022年6月に長崎で出会われ、同じ佐賀県で"五式"系統を追究されていたお二人がそれぞれの系統を分け合って、新たな表現の"ブラックリム"系統を作出しようという目的で始められたのが、『ブラックリム合作プロジェクト』である。
小田さんと山崎さん、それぞれの感性で作る『リムプロ』の結果で出来た"ブラックリム"系統は当然、注目を集めることになった。写真は"カミゾノ"。

"カイセイ"『美心めだか』さんが進めてきた系統。背地反応の薄さを極限まで薄められ、横見でも"ブラックリム"系統の魅力を楽しめる。"ナベシマ"のヒレ長スワロータイプ

"トスモサガ"　『チャチャめだか』さんが進めてきた系統。"北辻ヒレロング"からのワイドフィンにされた系統

"カミゾノ"　『美心めだか』さんが進めてきた系統。背地反応の薄さを保ち、ワイドフィン形質にされた系統。スワローとアルビノの遺伝子を持っている

"ミヤキブルー"　『チャチャめだか』さんが進めてきた系統。ワイドフィンで"アースアイ"を移行された系統

"五式ダルマ"

"GOSHIKI" fuxed Type

"五式ダルマ"

全てのメダカの系統で作られているダルマ体形のものも、人気の"五式 Type-R"で作られている。ダルマメダカは fu 遺伝子（fused）という、脊椎骨が部分的に融合して脊椎が短くなる遺伝子を持っており、しりビレ軟条も減少する。fu 遺伝子は常染色体上の潜性遺伝子（劣性遺伝子）　撮影個体／『筑紫めだか』

"武衆"

"BUSHU" bred by NEXT MEDAKA

"武衆"

福岡県宗像市在住の『NEXT MEDAKA』、高梨義朋さんが"飛燕"×"卑弥呼"の交配から作られた"天翔（あまがけ）"に"五式 Type-R God　炎"を交配して系統立てられたもの。"ブラックリム"系統の色柄を活かしながら、ヒレ長にされた系統で、独特なプロポーションを得ている。リリース当初から注目を集めた系統である。

"零"

"ZERO" bred by SOUWA MEDAKA

大分県宇佐市在住の『総和めだか』、梅本芳徳氏が、"五式 Type-R God" の光体形に "北辻ヒレロング" からワイドフィンの形質を移行させた系統である。"キッシングタイプ"、"ワイドフィン" などの呼称が知られるようになり、この "零" のハウスネームでリリースされたと同時に、「"ブラックリム" 系統に "北辻ヒレロング" からのワイドフィン体形は良く似合う」ことを示してくれた系統である。この "零" が知られるようになってから、一気に "ブラックリム" 系統のワイドフィン化が進んだ。

"零" "北辻ヒレロング" には元々、ヒレ長の遺伝子を持っているものがおり、その血統からか、"零" でもヒレの軟条が伸長するものも出てくる

"零" のメス　この個体は普通体形のワイドフィン

"零"　ワイドフィン体形の魅力を示している一匹と言える

"零"　黒体色の濃い個体

"ルベル"

"RUBER" bred by GARYU MEDAKA

"ルベル"

福岡県北九州市でメダカを繁殖させている『我流めだか』の土井貴司氏が、各ヒレがしっかりと赤く染まる "紅薊" × "五式 Type-R" の光体形の交配から作られた、光体形で松井ヒレ長、スワロー両方のヒレ長の特徴を現した系統。「ルベル」はラテン語の「赤」を表す言葉で、ヒレ上の朱赤色を濃くすることを重視して進められている。

"篝火"

"KAGARIBI" bred by MIYAKO MEDAKA

"篝火"

福岡県京都郡に飼育設備を持つ『美夜古めだか』、石田政也さんが作られた "五式 Type-R God" の光体形をキッシングワイドフィン化された系統。交配は "五式 Type-R God" の光体形×透明鱗の "北辻の舞"。2023年4月に撮影させて頂いた個体は、ワイドフィンであるだけでなく、背ビレ、しりビレ軟条が少し伸長する魚で見応えのある個体であった。

"舞華"

"MAIKA" bred by MEDAKAKKO KINGDOM

"舞華"

広島県福山市在住の『めだかっこキングダム』の野崎卓児氏が、"五式Type-R"に"咲姫"を交配して進めている系統。"咲姫"は滋賀県にある『おととや中村』さんが作られた系統で、「光体形でリムは薄目だったが、ヒレの絣が綺麗な個体」だったと言われる。"五式Type-R"寄りの個体群も維持されている。

"滝"

"TAKI" bred by KUSARI MEDAKA

"滝"

茨城県古河市在住の『鎖めだか』、杉山祐太さんが、自ら累代繁殖されていた"五式Type-R"に"鯰武"を交配して進められている系統。うっすらと黒斑が段だら模様のように入る。同時に漆黒系のように黒色が強いものも出てくる。この段だら模様が個性的でワイドフィン体形とよく似合っている。今後、注目度が高まる系統の一つになることだろう。

"玄"

"GEN" bred by SAIGO MEDAKA

"玄"

岐阜県岐阜市で魅力的なメダカを作っておられる『西郷めだか』さんは、"五式"系統ののヒレ長化をいち早く進められた作り手のお一人で、光体形でバタフライタイプのヒレ長系統にしたものが"玄"である。特にしりビレの伸長に注目されながら、赤く、黒さも濃い系統に仕上げられている。

"鯰武（でねぶ）"

"DENEBU" bred by NEXT MEDAKA

"鯰武"

福岡県宗像市在住の『NEXT MEDAKA』、高梨義朋氏が自ら作られた"武衆"（15ページ参照）に、"北辻ヒレロング"を交配して系統立てられたものである。ワイドフィンが"ブラックリム"系統には良く似合うものだが、特に"武衆"の元親である"卑弥呼"血統からのヒレの軟条の伸長と松井ヒレ長の特徴が加わり、独特なプロポーションを作り出している。固定度も高い。

黒体色を強めたブラックリムバリエーション

Varietion with an intensified Black Body Color from "Black Rim" Blood

"五式 Type-R" 黒色の厚みがある個体　撮影個体／『横浜めだかファクトリー』

"カミゾノ"

　神奈川県川崎市在住の中里良則氏が進める"オロチ"×"星河（青ラメ幹之）"を交配して作られた品種である。"オロチ"の黒さは太陽光を浴びなくても黒さがはっきりと濃く出るので、室内でもこの体色の黒さが楽しめる長所がある。"星河"との交配

"宙"『チャチャめだか』さんが作る"五式 Type-R"の松井ヒレ長の一系統　撮影個体／『チャチャめだか』

"玄兎（げんと）"　撮影個体／『チャチャめだか』

"五式 Type-R God" の "北辻ヒレロング"　"五式 Type-R"系統では体色の黒さは近年、人気を集めている。この個体のように吻端に"五式 Type-R"が見せる赤色がないものは、"オロチ"などブラック系統が一度交配されている可能性が高い。ブラック系統を交配しながら、ヒレ上の濃い朱赤色は残す方向は、しっかりとした選別淘汰が不可欠である。
撮影個体／『めだか艶娘』

"五式　漆黒"

"GOSHIKI SHIKKOKU" bred by SAIGO MEDAKA

"五式　漆黒" 典型的な個体

"五式 Type-R" から、明らかに黒さが増した個体が出てきたものを、岐阜県岐阜市でメダカを作られている『西郷めだか』さんが累代繁殖をされた、吻端まで黒くなる系統。"オロチ" など黒の強い系統が交配されていたようである。兵庫県在住の『わかばめだか』さんや福岡県北九州市の『我流めだか』さんも系統維持されていた。最近では、"漆黒" の名前が付けられたワイドフィンタイプも流通している。

"エレボス"

"EREBOS" bred by GARYU MEDAKA

"エレボス"

福岡県北九州市でメダカを繁殖させている『我流めだか』の土井貴司氏が、"五式　漆黒" のリアルロングフィンを作るために "五式 Type-R" のリアルロングフィンを交配、その中から出てきた、ヒレ長にならない個体群を選抜して固定された真っ黒な体色を得た系統。ハウスネームの "エレボス" はギリシャ神話の「地下の暗黒の神」に因んだもの。"オロチ" 同様の黒さ、黒の厚みを持ち、"五式　漆黒" から得た黒色なのだろう。

"五式 Type-R" からのヒレの形状のバリエーション

Varietion in the Shape of the Fin from "GOSHIKI Type-R"

"五式 Type-R" を始めとする "ブラッククリム" 系統のヒレ長化は2022年以降、急速に進められてきている。その上、"北辻ヒレロング" を交配してワイドフィン化した体形にヒレ長を乗せると、更に見映えが良くなり、特に九州地方の作り手の方々が競い合うように素晴らしい系統を作り上げている。赤黒という二色の配色も相まって、今後も "ブラッククリム" 系統のヒレ長個体は愛好家垂涎の的になるだろう
撮影個体 / 『美夜古めだか』

"炎獄"（"ブラックキング" × "五式 Type-R"）×（"五式" ヒレ長 × "五式 Type-R"）で系統立てられたもの　撮影個体/『めだかの心』

"神田（じんでん）" "北辻ヒレロング God" × "田" の交配によるもの　撮影個体 / 『美夜古めだか』

"鯰武（でねぶ）"
福岡県宗像市在住の『ＮＥＸＴ MEDAKA』、高梨義朋氏が自ら作られた "武衆"（15ページ参照）に、"北辻ヒレロング" を交配して進められている系統である。元親の "武衆" が、背ビレより前方の長さがやや長めだった体形をしていたものが、ワイドフィン化させることで更に強調されたと言える。ヒレ長になるのは、"武衆" の元親に "卑弥呼" が使われていたからであろう。
撮影個体 / 『Fuji Aqua Green』

"五式 Type-R 光体形ヒレ長" 松井ヒレ長とスワローの両方のヒレ長遺伝子を持つ、見事なヒレを拡げた個体。こういったヒレ長個体でも "五式 Type-R" の赤黒の色合いがより個性的な表現に見せてくれる 撮影個体／『我流めだか』

"五式 Type-R" の光体形をワイドフィン化、ヒレ長化した系統 撮影個体／『美夜古めだか』

"武神"×"北辻ヒレロング" 呼称は"暁闇" 撮影個体／『NIDO 名古屋メダカ』

"五式ヒレ長ワイドフィン" として進められている系統 撮影個体／『月陽めだか』

"五式 Type-R" 光体形×"北辻ヒレロング" からのヒレ長個体 撮影個体／『我流めだか』

"五式" 系リアルロングフィン

Real Long Fin "GOSHIKI"

2020年に幹之メダカで発見、固定されたリアルロングフィンのヒレ長は、当然、全国各地の"ブラックリム"系統の作り手によって交配された。元々、"幹之リアルロングフィン"の交配から始めるため、すぐに結果は出せない中、リアルロングフィンの顕性遺伝（優性遺伝）する特徴を活かし、"ブラックリム"系統に戻し交配することで目標とする色柄のリアルロングフィンを作ることが出来る。今では魅力的な系統が多く知られるまでになっている。

"五式漆黒リアルロングフィン" 背ビレ、尾ビレの朱赤色は"五式漆黒"からしっかりと受け継いでリアルロングフィン化されている 撮影個体／『我流めだか』

"五式 Type-R 光体形リアルロングフィン" 光体形のリアルロングフィンが泳ぐ姿は非常に優雅である 撮影個体／『山裕』

"五式 Type-Rリアルロングフィン" "ブラックリム"系統の黒さが活かされた個体 撮影個体／『メダカ屋サバンナ』

"五式 Type-Rリアルロングフィン" 朱赤色が強い個体だが、これはこれで種親として使える 撮影個体／『メダカ屋サバンナ』

"赫龍（かくりゅう）"、"赫（あか）"

"KAKURYU" , "AKA" bred by MANACHAN MEDAKA

2021年に"ブラックリム"系統をいち早くリアルロングフィン化された系統の一つ。兵庫県相生市在住の『まなちゃんめだか』、森　真門氏が"S幹之リアルロングフィン"×"オレンジブラックリム"光体形の交配から作られた系統である。

"赫龍"

"赫"

兵庫県相生市在住の『まなちゃんめだか』、森　真門氏が（"紅薊"×"乙姫"）×"五式 Type-R"の交配から作られた系統。"紅薊"×"乙姫"は、まだ小寺氏の"飛燕"が高価だった時に、「自分も同じ交配をしよう！」で作られたもの。それが、"赫"につながったのである。

"紅薊（べにあざみ）"

"BENI-AZAMI"

"五式"を始めとする"ブラックリム"系統には、この"紅薊"の血統が流れているのは確実である。"五式 Type-R"と呼ばれるものは、"五式"の作出過程に隠れていた"紅薊"、それ以前の"星の煌"の血統が出たものである。恐らく"五式"の元親となった透明鱗三色にこの"紅薊"からの"ブラックリム"血統が混ざっていたのだろう。

"紅薊"は、広島県福山市在住の神原美和氏が作出、命名したブ"ブラックリム"系統の品種である。瀬尾開三氏が作られたメダカを種親にして、神原氏が特徴のある系統として固められた。

"紅薊"光体形　種親選びをしっかりとして特徴を伸ばす交配をされているからこそ、ここまでメリハリの効いた体色を得ることが出来る
撮影個体／西村雅行氏繁殖個体

"紅薊"　背ビレ、尾ビレの色の乗りが良いのも"オーロラ血統"から受け継がれた長所と言える

瀬尾開三氏が"紅薊"の元親となった系統を作出された時には、ピュアブラックと"クリアブラウン"、"紅帝"を使われたそうだが、それ以外の品種も使われており、詳細は不明である。当時の瀬尾氏の"紅薊"の元親となった系統は、広島県府中市にある『金龍さつき園』から、"星の煌"のハウスネームでリリースされたことがある。"煌 part-1"の名称で継続されている。"紅薊"は、普通体形のものが基本で、濃く厚みのある朱赤色に染まる姿は見応えがある。鱗辺の黒は屋外で飼育するとさらに強くなる。"ブラックリム"系統を極めるなら、この"紅薊"の系統維持はやっておきたい品種である。

"紅薊"光体形 "紅薊"の命名者であり、系統立てられた神原さんの作られる"紅薊"は今でも入手が可能である。"五式 Type-R"をお好きな方は、是非、一度はこの"紅薊"の飼育、繁殖も経験して頂きたい 撮影個体／神原美和氏繁殖個体

"星の煌（ほしのきらめき）" "煌 part-1"とも呼ばれる、瀬尾開三氏直系系統。『金龍さつき園』の故小寺安男氏が命名されたもの

"星の煌（ほしのきらめき）" 撮影個体／『河口湖めだか』

"紅薊" 2018年撮影の個体で、黒さが薄く、"紅薊"特有の朱赤色の濃さ一色が目立った個体 撮影個体／『栗原養魚場』

"紅薊" 撮影個体／神原美和氏繁殖個体

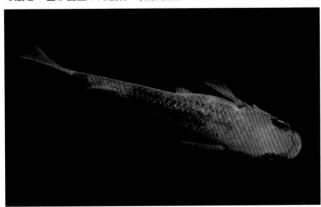

"星の煌（ほしのきらめき）" 直系個体を岡山県小田郡の『やかげめだかの里』の北屋良彦氏が累代繁殖されている 撮影個体／『矢掛めだかの里』

"紅薊" 『河口湖めだか』の坂木洋輔さんは、広島県福山市に以前から通われており、"ブラックリム"系統を熟知されているお一人である 撮影個体／『河口湖めだか』

"紅薊" のバリエーション

Variations of "BENI-AZAMI"

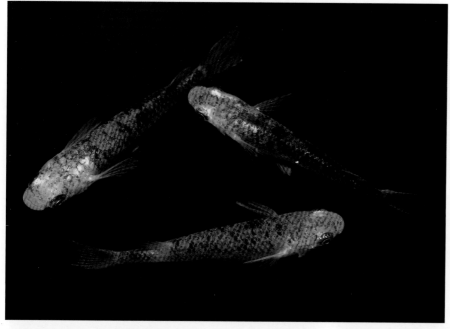

広島県福山市在住の近藤泰幸氏も神原さんの"紅薊"を譲り受けて繁殖させておられた方で、「パンダ目の紅薊はオレンジ色が暗くなる」という部分を変えるために、目の外環を明るくしようという交配によって、神原氏の"紅薊"とは雰囲気が異なる系統となっている。朱赤色が強くオレンジ色がかるもの、"紅薊"独特の朱赤色と基調色の色分けが顕著なもの、「赤、白、暗黒色」の三色が混ざり合うものなど、様々な近藤系の"紅薊"を楽しむことが出来る。

"近藤系紅薊" 広島県福山市在住の近藤泰幸氏が繁殖させた系統で、透明鱗性が強く表れた個体。固定品種ではなく、様々な変化を見せるところが面白さでもある

"近藤系紅薊" 朱赤色が強くオレンジ色がかるもの、"紅薊"独特の朱赤色と基調色の色分けが顕著なもの、「赤、白、暗黒色」の三色が混ざり合うものなど、様々な近藤系の"紅薊"を楽しむことが出来る

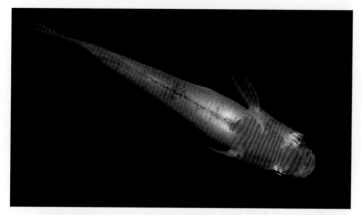

"近藤系紅薊" "ブラックリム"系統特有の黒さがほとんど消失した個体。透明鱗性が強く現れるとこういった変化をもたらすのであろう

"近藤系紅薊" 頭部、口唇部には"紅薊"らしい朱赤色が残り、その他の部位では黒さ、朱赤色の発色が抑えられた個体。時代によって古くも見えるし、新しくも見える。そこがまた面白いところである

紅薊血統が見せる様々な変化

Various Variations from "BENI-AZAMI" Blood

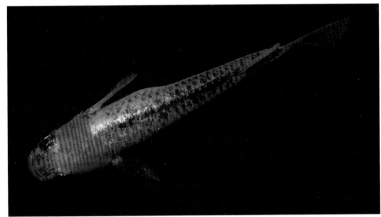

体の後半部が白抜けする "紅薊"

33ページに掲載した "ホーネット" を始め、"紅薊" ではこのように体の後半部が白抜けする個体が時おり出てくる。"ブラックリム" 系統は固定した品種ではないので、今でも様々な変化を見せる。"ブラックリム" 系統の基礎を作られた故瀬尾開三氏が使われた種親は "ピュアブラック"、"紅帝"、"クリアブラウン" が知られているが、その他の血統、例えば透明鱗性の遺伝子も "ピュアブラック" 以外から取り入れられた可能性が高く、その影響かと思われる

三色柄の "紅薊"

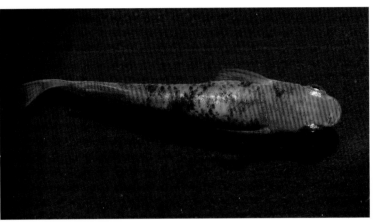

"紅薊" の礎を作られた瀬尾開三氏の "薊（あざみ）" と呼ばれていた系統からは、このような三色柄のものも時折、出てきていた。瀬尾氏の種親として使われた系統が先祖返り的に表現を表すのだろう

"紅薊" × "紅帝"

岡山県総社市在住の木口秀清氏が "紅薊" の初期型と "紅帝" を交配して進められている系統。外見的には "紅薊" の雰囲気が強いが、朱赤色は明るくなっている。初期型の "紅薊"、木口氏が累代繁殖して維持されている "紅帝" はどちらも瀬尾さんの系統が強めで、こういった交配は先に進むと同時に、検証的な意味合いもあり多くの情報を得ることが出来る

"観月"

『あまぞんめだか』、須賀　貴氏が瀬尾開三氏の作られた三色系の "紅薊" に、小寺義克氏の透明鱗三色を交配したものと、瀬尾氏の三色系の "紅薊" に『栗原養魚場』の透明鱗三色を交配して作られた別系統を掛け合わせた透明鱗とブラックリム系統の中間的な透明性を持った系統

"乙姫"

"OTOHIME"

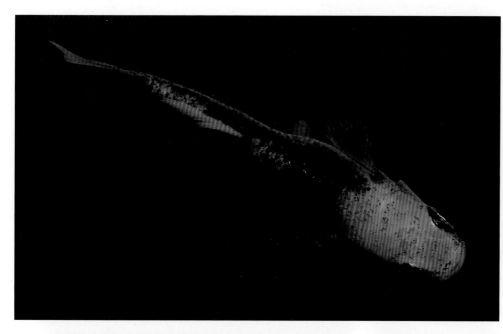

広島県福山市の『栗原養魚場』の栗原道男氏が作られた朱赤色の濃いブラックリム系の品種である。"クリアブラウン"に"紅"（楊貴妃透明鱗ヒカリ）を交配したのが始まりで、両親とも光体形だったので、"乙姫"も光体形でまとめられた。濃いオレンジ色の体色で光体形の整った姿は水槽での横見も楽しめる。成長と共に基調色の色味は更に増すと同時に、背面全体がブラックリム系の特徴を現し、黒くなるので、上見では迫力が加わり、存在感のある品種である。最初に"紅"が交配されているので、体側の朱赤色が抜けてくる個体も出てくる。"黒龍姫"と呼ばれる系統も"乙姫"由来のものである。

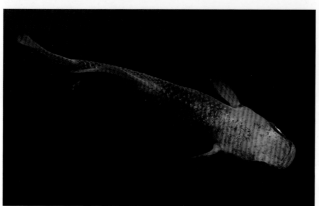

"乙姫"　『星田めだか』の妹尾さんは、栗原さん直系の"乙姫"をしっかり特徴を活かして累代繁殖されていた　撮影個体／『星田めだか』

"乙姫"　水槽内で飼育していた個体なので、朱赤色は薄くなっているが、尾ビレに見られるように"紅"からの透明鱗性から朱赤色が色飛びする個体も出てくる。これをヒレ長化しても面白いだろう

"クリアブラウン"に"紅"（楊貴妃透明鱗ヒカリ）を交配して作られた"乙姫"だが、この系統からも"紅薊"同様の"ブラックリム"の特徴が顕著に現れるようになった。栗原さんにお話を伺うと、累代する度に黒さが増していったと言われる朱赤色の濃さは、選別淘汰することで赤さが濃くなってきたのであろう。

"五式"×"乙姫（黒龍姫）"で作られた"銅五式"がその後の"五式 Type-R"に、より濃く"ブラックリム"の特徴が現れたのは、ある意味、当然のことである。

"乙姫" 光体形なので、次期種親の選択は、"ブラックリム" 系統らしい色のメリハリだけでなく、しっかりとした真っ直ぐな脊椎骨を持った個体を選ぶ必要がある。"五式 Type-R" の光体形化には、交配に使える系統でもある
撮影個体／『星田めだか』

"乙姫" 撮影個体／『星田めだか』

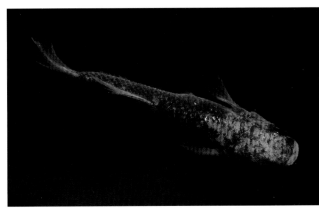

"乙姫" 撮影個体／『星田めだか』

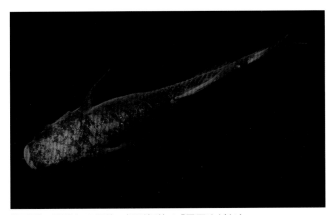

"乙姫" 黒勝ちの個体　撮影個体／『星田めだか』

"乙姫" 撮影個体／『星田めだか』

"乙姫" 撮影個体／『星田めだか』

"黒龍姫" このハウスネームも広く知られているが、元親は"乙姫"

"飛燕"

"HIEN" bred by MR. YOSHIKATSU KODERA

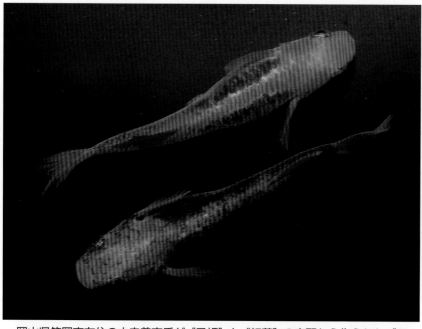

"飛燕"

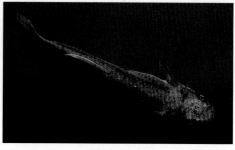

岡山県笠岡市在住の小寺義克氏が"乙姫"と"紅薊"の交配から作られたブラックリム系の系統。朱赤色の鮮やかさが目立ち、タイプとしては、"乙姫"ベースで、"紅薊"独特の朱赤色の色合いをやや淡くして鮮やかさを出したメダカである。"乙姫"と"紅薊"の交配は意外に行われていない交配だったものを、敢えて小寺氏が実践されたところに面白さがある。

"来光"

"RAIKOU" bred by MR. YOSHIMASA FUKAGAWA

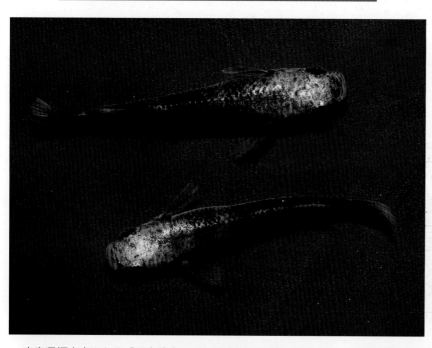

"来光"

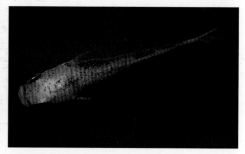

広島県福山市にある『日本改良めだか研究所』の深川善正氏が、広島県府中市にある『金龍さつき園』の"星の煌"を元に、改良を進めた系統。現在の"紅薊"の『日本改良めだか研究所』バージョンとも言えるが、朱赤色の濃さにこだわる深川氏は、"星の煌"から「鮮やかな赤さが乗るタイプ」を目指された系統である。ハウスネームは、赤色を光と例えた深川氏の狙いを表現したもの。2019年以降、"来光"から出るバリエーションを変化形として特徴を活かした系統繁殖が行われている。

"ホーネット"

"HORNET" bred by AOCHAN MEDAKA

"ホーネット"

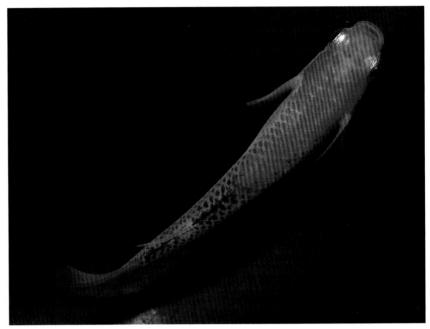

「スズメバチ」を意味するハウスネーム "ホーネット" が付けられた、大分県佐伯市にある『あおちゃんメダカ』が累代繁殖されている系統である。頭部からの独特な濃い朱赤色、体の後半は白抜けする "ブラックリム" 系統である。固定度が高い系統で、見映えがする。残していきたい系統である。

"かぐや"

"KAGUYA" bred by MR. YOSHIHIKO KITAYA

"かぐや"

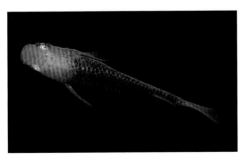

岡山県にある『やかげめだかの里』の北屋良彦氏が "星の煌" × "透明鱗紅白" の交配で進めている系統。"星の煌" 以上の朱赤色の濃さが北屋さんの目指しているところ。実物を目にすると、浮き上がってくるような濃い朱赤色に目が止まる。体の後半の黒さも厚みがあり、赤と黒のコントラストも見事である。"五式 Type-R" と交配すれば、この "かぐや" の魅力を移行することが出来そうだ。

"狐"

"KITSUNE" bred by MUCHU MEDAKA

岡山県総社市にある『夢中めだか』が、"紅薊"×"オロチ"の交配で作られた系統。ハウスネームの呼称は、赤黒さが強い個体から白体色になるものまで、変化に富むので、夏毛、冬毛の変化を持った狐に因んで付けられたもの。鱗一枚一枚の表現は面白く、累代繁殖すると同時に、他の"ブラックリム"系の交配用の素材としても高いポテンシャルを持っている系統だと言える。

"黒纏（くろまとい）"

"KURO-MATOI" bred by KAWAGUCHIKO MEDAKA

"黒纏"

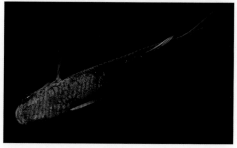

山梨県南都留郡富士河口湖町在住の『河口湖めだか』、坂木洋輔氏が作る、ブラックリム系統である。この姿にするまで、坂木氏は3系統のメダカを使ってこられた。最初は深川善正氏の作る透明鱗三色に近藤泰幸氏の作る"オレンジ鉄仮面"と呼ばれていた個体が出た"近藤系紅薊"を交配され、F2で黒地が出てきたと言われる。その黒地の良い個体に、今度は"紅薊"の生みの親でもある瀬尾開三氏のところから黒地が特徴的なオス一匹を持ち帰られ、それを交配したものである。更に「黒くて赤い」個体が完成度を高めるだろう。

"乙羽"

"OTOWA" bred by MEDAKA-YA SAKURA

"乙羽"

静岡県浜松市在住の『めだか屋さくら』、中山克大氏が、各ヒレに色を乗せることを目標に"乙姫"×"ホーネット"の交配で作られた系統。光体形でしっかりと選別淘汰された美しい系統である。当初は"乙姫"血統からの"紅"由来の透明鱗性が強めに現れる個体がいたが、"ブラックリム"系統は累代繁殖すると黒が強くなっていく傾向があり、透明鱗性を追求していきたい。

"華大薊 (はなだいあざみ)"

"HANADAI-AZAMI" bred by HANADAI MEDAKA

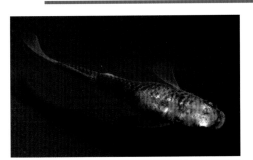

"華大薊" 濃い朱赤色が段柄で現れる個体を武藤さんは好んで残されている

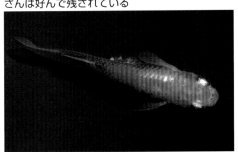

愛知県知多市で魅力的なメダカを作っている『華大めだか』、武藤錦治さんが"乙姫"×"黒ラメ幹之"の交配から選別淘汰でいくつかの系統を作られたものの一系統である。ラメを持つものを"華大ラメ"、色柄の面白さを選抜された"華大錦"、そして、"ブラックリム"血統を色濃く出した、この"華大薊"として累代繁殖されている。既に系統分けされてから四年が経過するもので、"華大錦"の系統も現在は"華大薊"に統合する方向で進められている。武藤さんはその様々な色柄を楽しんで作られている。

"竜章鳳姿（りゅうしょうほうし）"

"RYUSHOU-HOUSHI" bred by HOSHIDA MEDAKA

"竜章鳳姿" のメス

岡山県井原市在住の『星田めだか』、妹尾和明氏が "乙姫" ×松井ヒレ長 "紅" の交配から始められた、松井ヒレ長を持った "乙姫" 血統を色濃く持った系統である。ハウスネームの "竜章鳳姿（りゅうしょうほうし）" が広く知られるようになったのは 2020 年。

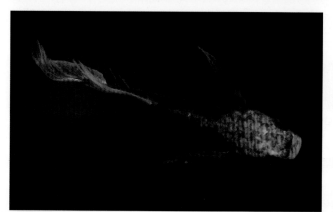

"竜章鳳姿"　撮影個体／『星田めだか』

"竜章鳳姿"　ヒレの伸長具合は様々である。ヒレ長系統なので、ペアよりグループで産卵させる方が受精卵は採りやすい面がある

"竜章鳳姿"

"乙姫" ×松井ヒレ長 "紅" から7世代目に至った時点で "竜章鳳姿" と命名されたもの。"紅" 系統の松井ヒレ長を交配されたのは、妹尾さんが元々、"乙姫" が "クリアブラウン" × "紅" で作出されたことを知っておられたからである。F3までは茶色の松井ヒレ長のような魚ばかりだったそうだが、さらに "来光" を交配したことでブラックリムがはっきりと出現するようになった。

"白姫（はくひめ）"、白体色の"ブラックリム"

Whitish Body Color from d-rr, d-RR and d-rR Genes

"乙姫"、"紅薊"など"ブラックリム"系統から時々、白体色の個体が出てくる。これは栗原氏が"乙姫"を作られた当時から出ていたものだそうだ。同様に、ブラックリム系統からも白体色の個体が少数出てくる。この白体色の出現には一つの遺伝子が関わっている。d-rr、d-RRで表記される遺伝子で、d-rrは、黄色素胞に黄色色素がなくなる常染色体上の遺伝子で、d-rRはオスの黄色素胞に黄色色素が生じ、メスの黄色素胞に黄色色素が生じない性染色体上の遺伝子である。同じ作用をする遺伝子が常染色体上と性染色体上に分かれて存在すると言われており、そのため完全な白体色のオスは得にくい面がある。"白姫"のハウスネームは『星田めだか』命名のもの。

福岡県の『めだかの心』さんが作る"炎獄"からの白体色個体

白体色のオス個体。"ナビ"と名付けられた『我流めだか』さんの作るリアルロングフィン個体。白体色系統は、オスは頭部などが淡く黄色味を帯びることが多い。

"白姫" この呼称が付けられてから3年が経過し、"白姫"もメスの出現率が高いが、オスも普通に出てくるまでになってきている。常染色体と性染色体がリンクしたと考えるのが妥当だろう

"白姫" 撮影個体／『星田めだか』

"白姫" 撮影個体／『めだかの里』

"五式 Type-R"、ブラックリム系統　繁殖の実際

産卵行動に入る"五式 Type-R"のペア。照明時間が十分であれば、毎日、午前中に産卵行動を見せる

"五式 Type-R"のオス　しりビレ、背ビレはメスより大きい

"五式 Type-R"のメス

　メダカを飼育していれば、メダカたちは飼育環境下で繁殖行動を見せるようになる。メダカの寿命は普通一年で、他の魚類が数年の寿命を持つことから考えても、その生活史を一年間に凝縮しているのがメダカの一生なのである。そのためメダカの成長は早く、水温が高い日本の夏には6～7週間で成熟し、産卵を始めるのである。一年間という一生を無駄にしないために、メダカたちは産卵盛期には子孫を残すために生活しているような精力的な繁殖行動を取るのである。

◇メダカの繁殖行動

　メダカの産卵行動は、普通早朝に行われる。天然のメダカ

の場合、朝の4～5時に行われることが多く、朝8時頃には終わると言われている。産卵する条件は、水温と日照時間が重要なキーとなっている。水温は20℃以上あることがメスの体内での卵成熟に関与するホルモン分泌を促進する。水温が25℃以上あれば、健康でエサを十分に食べたメスならほぼ毎日、20～30粒の卵を産卵する。日照時間も重要で、水槽内での飼育下では、12時間以上、できれば14時間以上の蛍光灯の照射があれば、冬場でも産卵させることができる。

　産卵行動は、卵で腹部の丸味が増したメスをオスが追尾することから始まる。メスの前でオスはくるりと横向きに一回

"五式 Type-R" のメスが産卵した卵を生殖孔付近に付着させている ところ。全ての卵が受精していると、卵は飴色に輝いている。一回の 産卵で 20 〜 30 粒の卵を産む

抱卵した "竜章鳳姿" 光体形は脊椎骨が曲がった個体が出やすいの で、普通ビレの "乙姫" や別系統の普通体形の "紅薊" と交配したり して、体形の維持を計りたい

抱卵する "五式 Type-R" のメス 日々 の順調な産卵は、適切な水質管理、餌や りによって種親の健康状態が良ければ、 毎日のようにしっかりと産卵してくれ る。メダカ飼育の目的の一つが、この「毎 日、十分な量の産卵をさせる」ことにあ る。しっかりと健康な種親を飼育し、繁 殖も楽しんでいきたい

初期型の "クリアブラウン" の産卵行動

産卵行動をとる "竜章鳳姿" 下がオス、上がメス

転して求愛したり、ヒレを開いてメスの行く手を遮るように したり、メスの下方からメスの腹部に触れるようにするなど の求愛、産卵前行動を見せる。求愛に応じたメスは、泳ぎを 弱める。オスは背ビレとしりビレでメスの体の後半部を抱き かかえるように包み込み、並んで遊泳した後、体をS字に曲 げてヒレを振動させる。その振動の中でメスは卵を産み、オ スは同時に放精する。産卵時間は 15 〜 25 秒と長い。

　産卵された卵は、メスの生殖孔付近、しりビレ直前に卵の 塊となって数個から数十個の数で付着し、メス親によって、

外敵からの食害の影響を受けにくい場所に運ばれる。メダカ を飼育していると、メスが卵を付着させて泳いでいる姿は頻 繁に見ることができるはずである。メスは長いと6時間程度 も卵を生殖孔付近につけていることもあるが、通常、30分 から数時間以内に水草などにこすりつけて卵を産着させる。

　卵は同居する他の魚に食べられることが多いので、卵だけ を別の水槽に移すか、親魚を抜いてその容器に卵だけの状態 にするか、フ化用の容器に水草ごと入れてフ化させるように して稚魚を育てるようにすると良い。

"五式 Type-R"、ブラックリム系統　卵、フ化、稚仔魚

産卵後 30 時間を経過した "五式 Type-R" の卵。受精卵は透明で、卵内での発生の具合は肉眼でも確認できる

フ化後二日目の "五式 Type-R" の稚魚。ゾウリムシを食べた様子が内臓から見える

フ化後三日目の "五式 Type-R" の稚魚。針仔と呼ばれる時期

　メダカの卵は球形で、卵径は 1.0 〜 1.5mm 程度、色はほとんど透明か淡く黄色味を帯びている。メダカの卵の表面にはごく短い細毛が全面に生えるようにある。また、水草などに付着しやすいように、長さにして 10 〜 20mm ほどある付着糸と呼ばれる粘着力の強い糸状の組織がある。これが水草の葉に絡まって、水草などにしっかりと付くのである。

　卵のフ化適温は 18 〜 30℃で、18℃で 20 日、25℃で 10 日、30℃では 8 日ほどでフ化する。同時に産卵された卵であってもフ化が一斉に始まることはまれで、初日に 1 〜 2 匹がフ化し、翌日に多くの仔魚がフ化してくることがほとんどである。フ化した時のメダカは体長が 4 〜 5mm で、フ化後 2 日ほどで卵黄を吸収し、エサを口にするようになる。

　メダカの稚魚は非常に小さく、口も当然小さいのであるが、食欲は旺盛で、ゾウリムシなどを積極的に食べる。また、水面に浮いている時間が長い人工飼料を少量ずつ与えていれば、比較的、容易に口にする。メダカ専用のパウダー状の稚魚用の人工飼料が各社から市販されるようになっている。この時期のエサやりは、メダカのその後の成長に非常に重要で、なるべく頻繁に与えたい。パウダー状の人工飼料は、パッと水面全体にひろがるのだが、食べ残しは水質を悪くする。それでいて四六時中、稚魚がエサを食べられる状態という矛盾することを実践していかなければならない。なるべく頻繁にごく少量ずつのエサを与えることが大切で、針仔の育成時でも針仔をすくい出すことなく、適切な水換えをしていけば、落とすことなく、元気な若魚に育てられる。

"五式 Type-R" らしい体色を現し始めた幼魚たち。ここまでの三週間ほどは、定期的な水換え（部分水換えも可）とゾウリムシ、ブラインシュリンプ幼生、人工飼料をしっかりと与えて育てることが大切である

フ化後20日目、"五式 Type-R" らしい黒色色素が発達してくる

フ化後20日目、ゾウリムシを食べて育つ "五式 Type-R" の幼魚

フ化後20日目、ブラインシュリンプ幼生を食べた体高のある幼魚

14mm サイズの "五式 Type-R" の幼魚

14mm サイズの "五式 Type-R" 光体形の幼魚

18mm サイズの "五式 Type-R" の幼魚

メダカの飼育器具

極端に言ってしまえば、メダカはある程度水の入る容器さえあれば飼うことはできてしまう。軒下に置かれたバケツ程度でも手軽に飼えることから、メダカは古くから観賞魚として多くの人に親しまれてきた。ここ数年でメダカの改良が進み、多様な色柄や姿の品種が紹介され、観賞魚の中でもトップランクの人気になり、一昔前に比べると、メダカのための飼育器具も様々な製品が各メーカーから販売されるようになった。入門用の手軽な飼育セットから、便利な器具類も数多くあるので、ショップの器具売場を訪れて吟味してみるとよいだろう。

容器

発泡スチロールからプラスチック、陶器など、水が入るのならば様々な容器を使用することができる。観賞魚店やホームセンターで多種類が扱われているので、飼育スペースなどに合わせて数や大きさを選ぶようにするとよい

NV-ボックス
丈夫で使いやすい大きさで、メダカの飼育容器の基本となっていたが、黒色容器は最近の夏場では水温の上昇に注意が必要

水槽
主に室内で横から見て観賞する際に必要。そのままではメダカの体色が薄れてしまうこともあるので、周りに黒のバックスクリーンを張るなどするとよい

練り舟
元はセメントを練るための製品だが、丈夫で扱いやすく、金魚の飼育槽としてもポピュラー。以前は緑だけだったが、カラーやサイズのバリエーションも増えた

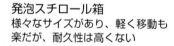

発泡スチロール箱
様々なサイズがあり、軽く移動も楽だが、耐久性は高くない

プランター
園芸用品として多様なサイズ、種類がある。底に水抜き用の穴があるので、栓ができるタイプを選ぶ

網

メダカを掬うために必要。掃除などでの移動や、選別時など普段から使う頻度は高い。観賞魚メーカーだけでなく、手製の品も多く、網の大きさや柄の太さや長さなどバラエティに富むので、使いやすいものをいくつか揃えると便利である

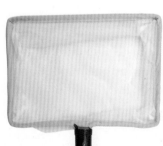

網の深さによって、掬い易さやメダカの跳ね具合も変わってくる。1匹を掬う小型のものから一気に掬える大型製品までサイズも様々ある。自分の容器に合わせてや、使い勝手のよいものを探してみるとよい

ろ過器とエアー

ろ過器は水中のゴミを取り除いたり、バクテリアによるろ過の補助、水面を動かすなどの役目を持つ。止水状態で飼育されることも多いが、特に匹数が多い場合、エアーを入れている方がよいのは明らかで、水面を動かすことによる酸素の供給や水温上昇防止、水質悪化の軽減など利点が多い

外掛け式フィルター
水中ポンプで水を吸い上げ、ろ過槽を通すことでゴミを取りろ過する。主に小型水槽向けで、壁面に掛けて設置する

底面式フィルター
底砂内に埋め込むことで、底砂層をろ材として水質浄化を行う仕組みで、エアーポンプと接続して使用する。30〜60cm用の製品があり、組み合わせてることでろ過面積を広げることもできる

エアーコンプレッサー、エアーポンプ
観賞魚用品として様々な容量の製品が販売されている。容器の数が少なければポンプタイプ、大規模ならコンプレッサーを選ぶなど、飼育規模によって選ぶとよい

エアーホース

エアーストーン

エアリフト式フィルター
エアーポンプなどと接続して、エアーによりスポンジやウールの中を飼育水が通り、ゴミを取ったりろ過をする。エアーによる吐出で水面を動かすことにも役立つ。スポンジタイプは目が細かいのでメダカを吸い込むこともなく、針子育成槽でも活躍する

水質関係

水道水に含まれる塩素やカルキ、重金属などをメダカにとって無害化させるためのウォーターコンディショナーが各社から販売されている。水質のpH調整材や、水質維持に効果のあるバクテリアを含んだ添加剤もある

飼育水の水質を手軽に計測できる試薬キットや、デジタル表示のチェッカーがある。目に見えない水質の変化を計ることができるので、あると便利な製品。水換え前後の変化など、ある程度違いを把握しておくとよい

カルキの中和目的をメインに、各社から添加剤が販売されている。ビタミンの添加や粘膜保護成分が入っている製品もある。水換え時や新たに容器をセットした際などに、適量を添加して使用する

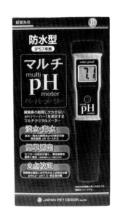

産卵用品

メダカは卵を水草などに付着させる。その性質から、飼育下でも産み付けやすいように工夫された製品が数多く販売されている。シュロなど自然素材から化学繊維製など、材質や形もバラエティに富んでいるので、自分好みのものを探そう

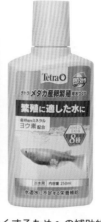
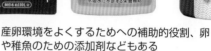

産卵環境をよくするためへの補助的役割、卵や稚魚のための添加剤などもある

ネット状になっており、親のいる容器内に浮かして使用する。十分な水量を確保しつつ、親から卵や稚魚を隔離できる

スポンジなど台所用品を使って自作の産卵床を作ることもできる

各種産卵床
メダカが卵を付けやすいような形状や材質に作られている。シュロやコケなど自然素材から化学繊維製など材質も様々で、浮かしたり、壁面近くに固定したり、底に転がしていたりと、置き場所も選ぶことができる製品もある。メダカによって卵を付ける場所の好みが異なることもあるので、卵の付きが悪い時は、置き場所を変えるなどして、そのメダカのクセに合わせて調整することもひとつの方法になる

保温器具

屋外飼育ではあまり使わないが、冬季に室内で加温しながら育成や採卵したい際などに必要となる。以前は熱帯魚用品だけであったが、メダカ用の製品も増えている。ヒーターで水を温めるので、水量に合わせた容量の製品を選ぶとよい

水温計
加温飼育をするしないに関わらず、水温は常に把握しておきたい。表示の大きい電子式の製品もある

水温を感知するサーモスタットと熱源になるヒーターを組み合わせて使用する。一体化したコンパクトな製品も増えている。任意の水温を設定できる製品から、一定の水温付近に保つ製品もある。容器の水量に合わせた容量の製品を選ぶとよい

底床材

飼育容器の底に敷くもので、園芸にも使う赤玉土などを焼成した製品や各種の砂利など天然素材が多く使われている。色合いの変化による観賞目的から、バクテリアが付くことによって水質環境をよくすることなどの役目も担う

天然土壌を焼成した製品には、黒から茶系など色合いにもバラエティがある。ソイルとも呼ばれ、色みだけでなく、多孔質な性質からろ過バクテリアの住みかとなり、水質維持にも役立つ

黒っぽい色合いで多くのメダカの色合いにも合う溶岩石。多孔質のため、水質維持にも役立つ

底床に焼き赤玉土を敷く愛好家も多い。多孔質のため、水質維持の役目も担う。長く使っていると、その穴が詰まってきたり、徐々に崩れてくるので、細かくなってきたら交換する

その他器具

観賞魚用の飼育用品は様々なものが販売されている。使ってみると便利な製品も多い。ホームセンター商材などにも、工夫次第で飼育に役立つ品がある。自分なりに探し、いろいろなものを試してみるのもよいだろう

プラケースは各サイズがあり、卵や稚魚の隔離、横からの観察、魚の移動時など用途は広い

スポイトは飼育槽内のゴミを吸い出したりと細かい作業に向く。餌やりなどにも利用できる

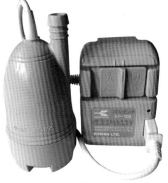

電動揚水ポンプ
風呂場や洗濯用品などで販売されている。水換えや注水時に便利

バケツもいくつかのサイズを持っておくと便利。水換え時の移動や注水、採卵用など用途は幅広い

ホースは使いやすい長さでまとめておくとよい

送風ファン
観賞魚用品で小型製品が販売されている。室内飼育など風通しの悪い環境では、水の痛みや水温上昇の軽減に役立つ

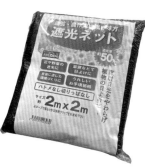

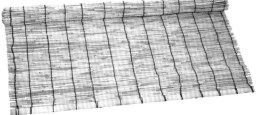

すだれ・遮光ネット
最近の夏場には日除けが必須。直射日光の当たる黒容器は、すぐにお湯になってしまう。容器に完全に被せるのではなく、隙間を作り風通しも意識しておく

『チャチャめだか』さんの飼育容器群

『チャチャめだか』さんの飼育環境

『美心めだか』さんの室内繁殖設備

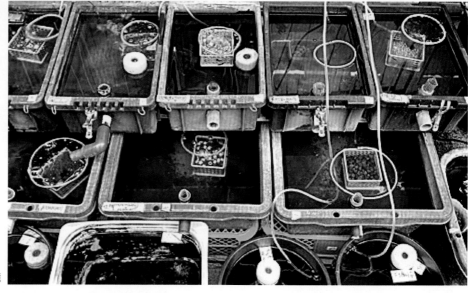

『美心めだか』さんの屋外飼育環境

Mr.Shinichi Oda & Mr. Shinya Yamazaki'sBlack Rim Collaboration Project

"ブラックリム合作プロジェクト" を進める…
チャチャめだか 小田伸一 & 美心めだか 山崎心也

　メダカの交配、改良は地道な作業で、結果が出るまでに一年、二年掛かる地道な作業である。一人で多くのアイデアを持ち、実践したとすると、時間だけでなく、多くの容器も必要になり、それだけ日常管理にも労力を割くことになる。
"五式　Type-R God" の『チャチャめだか』、小田さんと "クラミツハ" 作出の『美心めだか』、山崎さんが初めて出会われたのは2022年6月に長崎で行われたイベントの時だったそうだ。同じ佐賀県で "五式" 系統を追究されていたお二人、その時、『チャチャめだか』さんが販売用に展示されていた魚の中で、小田さんが「これ良い魚なんだけどなぁ」と思われていた個体を山崎さんが見られて、「これ、良いですねぇ！」と言われたことからこのお二人の関係が始まったそうである。
　それから小田さんと山崎さんが話し込んだことがあったそうで、"五式" 系統で「こういうの使ったら、こういうのが出

来るよね！」といった会話をされたそうである。山崎さんは『美心めだか』として YouTube の人気チャンネルをお持ちで、小田さんは、山崎さんの YouTube で「作る楽しみ方を紹介していく発信元になってくれれば！」という希望も話されたそうである。「"五式" 系統が好きなんです！」という会話からお二人の関係が深まり、「リムプロ」と略されて言われる『ブラックリム合作プロジェクト』が始まったのである。
　これからのメダカ作りの見本になる可能性が高い、同じ系統を複数の作り手がそれぞれの系統を譲り合って、それぞれの系統に磨きを掛けるプロジェクトは、信頼関係とそれぞれの系統に敬意を払う気持ちがなければ成り立たない。メダカ作りはそれぞれの作り手の感性が活かされるもので、お二人の感性で作られた "五式" 系統はだからこそ、注目されているのである。

"宙" 松井ヒレ長化された系統　撮影個体／『チャチャめだか』

"カミゾノ"　『リムプロ』の一系統　撮影個体／『美心めだか』

"炎　朝霧"　撮影個体／『チャチャめだか』

"北辻ヒレロング God"　『リムプロ』の一系統でワイドフィンにされている　撮影個体／『チャチャめだか』

"クラミツハ　乱"　松井ヒレ長とスワロー両方のヒレ長を持っている　撮影個体／『美心めだか』

"ワカクス"　『リムプロ』の一系統。"アースアイ" を持つ　撮影個体／『美心めだか』

"トスモサガ"　『リムプロ』の一系統　撮影個体／『チャチャめだか』

"クラミツハ　茜"　撮影個体／『美心めだか』

瀬尾開三氏
飽くなき探究心と感性が
ブラックリム血統を創り出す

瀬尾さんが単に"薊（あざみ）"と呼んでいた系統の中には、このような三色表現のものも見られた。この三色表現のものがその後、様々な系統に交配されたものも知られている

"全身体内光"、"紅帝"、"紅薊"…今では改良メダカの中でも銘品種と呼ばれている品種の礎を作られた方がいた。

2023年に惜しくも亡くなられてしまったのだが、広島県福山市在住であった故瀬尾開三氏は、改良メダカに対する独創性、創造力は、「瀬尾さんのような感覚の持ち主は初めてかもしれない！？」と感じる方だったのである。

瀬尾さんが作られ、種親候補として残しておられたメダカは、それぞれに品種名が付けられなかったのである。「雑品種か？」と言われても、「いや、そうではない」メダカたちだったのだが、瀬尾さんのメダカ作りの素材となる「何か一芸に秀でたメダカ」というのが最も適した表現であっただろう。

瀬尾さんが本格的なメダカの改良を始められたのは、ピュアブラックからだったと言われる。「もう20年ぐらい

になるのかな？」と言われておられた瀬尾さん、それ以前は盆栽やレース鳩を趣味とされておられたそうで、血統的なこだわりは鳩の血統書が頭の中にあったと言われたことも忘れられない。「交配の妙というか、そのメダカが持っている何か一つの気になる特徴があったら、その特徴を引っ張り出す」ことが瀬尾さんの交配の基本となっていた。「一つの特徴を引っ張り出す」この言葉を口に出来る人はそうはいないだろう。「交配の基本は色の濃いものと濃いもの」と瀬尾さん、「メダカは頭は赤くなる、その頭の色が邪魔になることがある」、「背中の方が濃い色を持っているものが好きだ」と言われてもおられた。そういった瀬尾さん独特の感性でメダカを見ながら、イメージに合ったペアを作られたのである。

その"ピュアブラック"とオーロラ系統

の"クリアブラウン"系統の交配が、"ブラックリム"タイプを作り上げたのであろう。単に"薊（あざみ）"と呼んでおられた瀬尾さんの表情が懐かしくもあり、この血統がその後、"紅薊"や"五式"という姿となって残されたのである。瀬尾さんの作られた血統があって現在があることを覚えておいて頂きたい。

故瀬尾開三氏　メダカ交配の達人であった

瀬尾さんの"薊（あざみ）"　現在の"ブラックリム"系統は、この瀬尾さんの作られた系統があるからこそのものである

瀬尾さんの"薊（あざみ）"

瀬尾さんの庭に作られていた飼育場。エアーレーションなどせず、水換えもあまりされない環境でどの容器にも50匹、100匹と多くのメダカが元気に群泳していた様子は忘れられない

瀬尾さんの"薊"　"オーロラ"顔、透明鱗性の眼、赤と黒、現在、"五式Type-R"と呼ばれるものはこの血統が強く現れている

瀬尾さんの"薊"

瀬尾さんのところにいた変わり柄の個体。こういった「一芸に秀でた」個体を瀬尾さんは注目して種親候補として残しておられた

2018年撮影の瀬尾氏が作っていた"ブラックリム系統"　今、この魚がいれば、ブラックリム系統の愛好家にとって垂涎の的になることだろう

MEDAKA ProFile 100

Lecture Part

メダカの適した環境を作る

"ブラックリム"系を始めとするメダカは、強健な魚で、淡水魚類を飼育することができる容器であれば、誰もがすぐに飼育を楽しめる魚である。メダカは水質的にも幅広い順応性を持っており、中和した水道水をそのまま飼育水に用いることが普通にできる点も、多くの人々に気軽に、手軽に飼育が楽しまれている大きな要因のひとつである。

飼育容器はメダカたちにとって、住み場所でもあり、繁殖の場所でもあり、食事の場でもあり、そしてトイレにもなる。メダカの仲間は小さな容器でも飼育することはできるものの、長期飼育は難しく、やはりせっかく飼育するのであれば、可能な限り広く良好な環境を作ってあげるようにしたい。成魚になっても4cmほどのメダカの場合、大型の飼育容器は必要ないので、置き場所等で悩むこともないだろう。ただ、メダカの魅力はそのバリエーションの豊富さにあり、飼育する品種数がついつい増えてしまう。メダカを飼育する場合、容器数が多くなりがちである。容器数を多く置こうとすると、一つ一つの容器の大きさを小さめのものにして数を置くことを選択してしまう人が多い。

しかし、先程、書いたように「食事の場でもあり、トイレでもある」メダカの飼育容器は、「出来るだけ水量の多い、表面積の広いもの」を選びたいのである。そして、「自分が十分に日常管理を行える飼育容器数」を、少しずつメダカの品種数を増やし、実践しながら決めるようにすることも大切である。容器数が多くなり過ぎて、十分な水質管理が出来ずに、大切なメダカを死なせてしまっては飼っている意味がなくなってしまうのである。

メダカの飼育、繁殖を楽しもうというなら、10リットル以上、出来れば40リットル以上の水量を保てる容器を選ぶようにしたい。このサイズなら、エアーレーションも簡易式のフィルターも使いやすくなるので、水質管理は楽になる。3リットル以下しか水量が保てない容器でもメダカを飼育することが出来るが、頻繁な水換えをしなければならなくなるし、高水温時には排泄物や残餌による水質悪化は一時間単位で刻々と悪化が進んでしまうので、メインの飼育容器には使えないと思った方が良い。「自分が管理可能な容器数を知ること、そして出来るだけ水量が入る容器を選ぶ」ことが大切である。

◇水換えなどの管理が容易な容器を選ぶ

メダカを飼育していれば、エサの食べ残しが水中内に溜まったり、メダカの排泄物が溜まったりしてくる。ただ水を張った容器でメダカを飼育しているだけでは、そういった水質を悪くする物質が飼育容器内に蓄積される一方である。飼育容器内の飼育水を浄化し、水質をメダカなど飼育する魚類に適したものに整えるのが、フィルター（ろ過器）である。フィルターは、付属するろ材によって汚れた水をろ過する方法を基本としており、様々な方式が知られている。メダカの飼育をする場合、使用する容器の大きさによっても異なるが、

ビニールハウス内のメダカ飼育、繁殖容器群　撮影場所／『月陽めだか』

"零" 大分県宇佐市在住の『総和めだか』さんが作られた "北辻ヒレロング" を交配してワイドフィン化された "五式 Type-R God"。この系統から、"ブラックリム" 系とワイドフィンの表現が良く似合うことが広く知られるようになった

小型で簡易な投げ込み式フィルターが手軽で効率よく、お勧めである。

　エアーポンプをセットすることも考えておきたい。エアーポンプは、水中に空気を送りこむためのポンプで、エアーチューブを送気口に差込み、そこからフィルターやエアーストーンを通して水中に空気を送り込むことによって、水面を動かし、空気中の酸素を飼育水中に溶かしてくれる。メダカは比較的、溶存酸素量の少ない水にも耐えるのだが、たとえフィルターは使わないにしても、エアーポンプによる緩やかなエアーレーションは行うようにしたい。特に産卵された卵は、緩やかな流れがあることで常に新鮮な水が供給されるようになり、卵が水生菌に冒されることも軽減できる。「エアーレーションはいらない」、という人も少なくないのだが、それはメダカの強健性に頼っているだけで、実際にエアーレーションを施してみれば、「使った方がいいか？」は一目瞭然である。

　メダカの場合、元来、日本に生息している淡水魚のため、四季の移り変わりによる水温変化に順応していく適応力を持っているが、やはり春先や梅雨時など日毎に水温に差があることに対処するために、目で水温を確認できる水温計は持っていたいものである。水温が下がっていることをひと目見て知ることができれば、エサの量や、水換えに適した時かどうかを判断できるようにもなるので、ぜひ、赤色のアルコールを封入した一般的なものをひとつ購入しておくようにしたい。

　メダカに適した水質は、汚れ過ぎていない、適度に水が交換されている水質である。導入当初は、ヒレがひっついたような状態になることがあるので、まずは飼育容器ではない、バケツなどで食塩を適量（0.5％程度）溶かした水による薬浴を数日程度行ってから飼育容器内に移すようにして、病原菌をできるだけ飼育水中に入れない注意が必要である。

　メダカを新たに飼育する季節は、秋を除けばいつでも構わないだろう。秋は、メダカの飼育を始めてもすぐに冬になってしまい、産卵態勢に入ったメダカが越冬時期を迎えてしまうため、よくない。秋に若魚の個体は、若魚のまま冬を越させて、翌春から産卵させることが一番である。真冬にメダカを導入する場合、飼育を楽しむという感じはしないだろうが、水温が低いのでメダカを運搬するのは容易である。導入後はあまりエサなどやらずにそっとしておき、翌春、水温が温む頃から本格的な飼育を始めるとよい。春から夏にかけては、いつでもメダカの飼育を始められる絶好の時期である。

◇**実践しながら使いやすい容器を見つけよう！**

　メダカを入手し、飼育を始めて、最もトラブルが多いのは、飼育当初の一週間から10日間である。導入したメダカが、新しい環境に馴れるまでには時間を要するのである。新しくセットした飼育容器の環境が整っていない、あるいは水質の変化でメダカが本調子になっていないなど、様々なことがこの1週間に集中しやすい。そのため、飼育当初の1週間はエサやりもほどほどにし、飼育を始めたメダカの状態も通常時より注意して見るようにしたい。状態が悪ければ、その原因をつき詰めて、悪い要因を改善するようにしなければならない。食塩を0.3〜0.5％濃度になるように入れて、状態を上げることを試みても良いだろう。大切に飼育、繁殖を楽しみたいメダカをしっかりと観察するようにしよう。

　そして、日々の観察、日常管理から、自分の飼育法に適した飼育容器を見つけるようにしたい。「みんなNV-13を使っているから…」、「ジャンボだらいが良いと聞いたから…」で最初は容器を選んだとしても、自分のやり方に合った、なるべく水量の多い容器で、自在に操れるものを決めていくと良い。そして、自分がしっかりと管理出来る容器数の上限を知ることである。一番大切なことは「容易に水換えできる」ことで、置き場所の高低や排水場所からの距離など、経験しながら改善していくことである。飼育者の技術が向上していけば、どんな飼育容器でも応用できるようになるので、ゆっくりと飼育技術を自分のモノにして頂きたい。

MEDAKA ProFile 100

Lecture Part
日常管理の方法

メダカを入手し、運搬する場合、運ぶ時間が数時間以内なら、メダカの運搬にさほどの心配はいらない。しかし配送など24時間以上の時間がかかる時には、水温の変化に気をつけるようにしたい。特に注意したいのは、真夏と真冬で、特に近年の夏場は、車の中に放置しておけば、間違いなく大きな水温差が出来てしまう。急激な温度変化はメダカにとって大きく体力を消耗するので、発泡スチロールの箱などにビニール袋ごとメダカを入れて、夏は保冷剤、冬はカイロなどを適切に用いて水温が急激に上下しないようにしておきたい。

◇飼育容器にあける

家に持ち帰ったメダカは、まず、飼育容器にビニール袋ごと浮かべて様子を見るようにする。ビニール袋の中の水温と飼育水の水温との差をなくすためである。20〜30分浮かべておけば水温差はほとんどなくなり、また、この時間は運搬時に揺れて消耗していたメダカたちに少しでも落ち着きを取り戻させることにも有効である。

ビニール袋の口を開け、半分ほど飼育容器内の水をビニール袋の中に混ぜるようにして、水質の急変をなくすことも、やはり20〜30分かけて行うようにしたい。飼育水に馴染んだところで、メダカをネットや手で優しくすくい、飼育容器の中へ放すことになる。ビニール袋の水は飼育容器になるべく入れないようにして捨てるようにしたい。そういった水から余計な病原菌などの侵入を防ぐ意味合いからである。

飼育容器に移されたメダカは、最初のうちは水底付近で緊張してあまり泳ぎ回らずにいるものの、やがて新しい環境に慣れ始めると水面付近に浮上し、泳ぎ回るようになる。

◎日常管理の方法

メダカの飼育を開始して数週間が経過する頃になると、セットしたての頃は透明だった飼育水も、やや黄ばんでくるように水に色がついたような状態になる。エサを与え過ぎた場合は、ぼんやりと白濁りしているかもしれない。1ヶ月を経過すると飼育容器の壁面にも茶褐色や緑色の藻類が付着するようになっているだろう。メダカの飼育尾数にもよるが、水換えなどのメンテナンスは、常に早め、早めに対処することである。「良好な飼育水を維持する」ことがメダカを飼育する上で最も重要なことである。

基本的には「良質の飼育水の水質を保ち、エサを与える」ことだが、毎日の管理は、水の状態を見たり、エサを与えたりすると同時に、個体の泳ぎ方、エサの食べっぷりからの健康チェック、食べ残しやゴミの掃除なども重要である。その日常管理の方法を順を追って説明していくことにしよう。

●エサを与える

メダカも生き物であるから、毎日の食事は不可欠である。エサを与えるという手間はメダカを飼育していることを実感でき、メダカとのコミュニケーションがとれる時でもある。

"五式 Type-R"

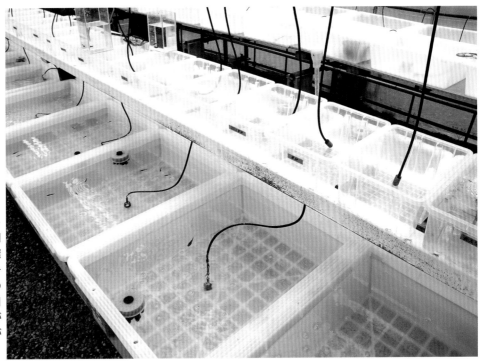

"ブラックリム"系統のしっかりとした黒さを得ようと、透明容器での飼育を選んだ『鎖めだか』さんの飼育環境。飼育容器は透明、白、水色、ダークグリーン、黒など様々な色が使われているが、自分が観察しやすい、日常管理がしやすい容器を選ぶことが大切である。そのために魚の観察が容易に出来ることは重要である

エサはメダカが活発に活動している水温の時期には、1日に最低でも2回、朝と夕方の2回与える。幼魚や産卵後の成魚には、朝、昼、夕方の3回、メニューを替えて与えることもある。エサの種類と与え方については、p.54〜p.55で紹介しているので、そちらを読んでいただきたい。

●メダカの健康チェック

昨日まで元気に泳いでいたメダカが、急に不機嫌そうにふるまうことも少なくない。「体調を崩しているのか？」、「何か器具が正常に作動していないのか？」、「水質が悪いのか？」など、普段とメダカの動きが違うようなら、早急に対処する必要がある。毎日、エサを与えるときにメダカの体表やヒレを注視して観察していれば、病気の早期発見にもなるし、水換えの必要な時も早めに気づくことができる。

●日照時間の調整、照明器具の点灯と消灯

屋外での飼育の場合は四季の日照時間に合わせることになるが、室内やハウス内でのメダカ飼育の際の日照時間は、1日に10〜14時間が適当である。屋外の飼育容器なら、太陽光が十分な日照時間を与えてくれる。室内飼育の場合は、朝、目が覚めたら蛍光灯を点灯し、夜はエサを与えて3〜4時間たったら消灯するようにしたい。

◇部分的な水換え（部分水換え）

フィルターを稼働させている飼育容器であれば、水換えは一週間に1回程度、換える水の量にして1/2程度の水換えが最も簡単に飼育環境を改善する方法である。コケをスポンジなどで取りながら積極的に排水し、全水量の1/2程度を交換するのである。残りの1/2の飼育水はそのままにしておき、新しい水が混ざってもそう大きな水質変化のないメンテナンスの方法である。水換えに用いる新しい水は、1日前から汲み置きしたものか、水道水を中和剤で中和した後、水温を飼育容器の水とほぼ同様に調整したものを用いることになる。

こまめに部分水換えをしていても、飼育容器内には時間の経過と共に様々な老廃物やゴミが蓄積してくる。そうした老廃物やゴミを取り除くために、水換えが必要なのであるが、小さな体の割りに大食漢なメダカは、過密状態で飼育しているとかなり早く水を汚す。まして、メダカ専用のパウダー状のオキアミ含有の人工飼料を主食として与えていた場合、一定期間を経た時点で、汚れも限界値を超えてしまう。飼育容器の中層や底層など、広い範囲で生活していたメダカたちが水面付近に集まっている状態は、水が汚れている時が多い。こういった時はすぐに水換えをしなければならない。

一ヶ月に一回程度は、メダカを別容器に移して、壁面のコケなども除去しながらの全面的なリセットも必要である。メダカは澄んだ水で、汚れていない水を何よりも好むのである。

夏場などは、飼育水が植物プランクトンで緑色のグリーンウォーターになる。グリーンウォーター内でもメダカは普通に生活しているように見えるだろうが、植物プランクトンが増殖するということは、飼育水中にアンモニアなど窒素態があるということで、すなわち、老廃物が蓄積している状態である。メダカは、グリーンウォーターで色が濃くなるということはないし、針仔が育ちやすいということもない。植物プランクトンを積極的にエサにすることもない。メダカ飼育では、グリーンウォーターが良いように言われることもあるが、それは誤りで、クリアウォーターで魚の状態をしっかりと見て管理する方法を最善として、なるべく、グリーンウォーターにしない水質管理をしていくようにしたい。

しっかりとエサを食べ、健康なメダカは日照時間、水温などの条件が合っていれば毎日、元気に産卵をしてくれる。その状態を保つことが飼育者の努めである。

メダカは動物性のエサも植物性のエサもどちらも食べる雑食性の魚である。様々なエサを食べるメダカであるが、メダカの成長速度、体形、体格を考慮するなら、単一の給餌でも問題はないのだが、出来ればバラエティに富んだ給餌を心掛けるようにしたい。「そのエサはやらなくても良い」という考え方より、「ちょっとでも与えてみようか！」という考え方でメダカに向き合う人が育てた方が、メダカの姿、体形は良い傾向があるのは当然である。

メダカの飼育でやるべきことは、水質管理、そして給餌の二点が主なものである。水質管理とはほぼ水換えによるものになるのだが、「何故、水換えをするか？」と言うと、単純に「水を綺麗にするため」という抽象的な考え方の人が多い。水換えをするのは、水量に限りのある容器内で日々の給餌、メダカの排泄物が蓄積した、水質を悪くするものを除去するためで、エアーレーションを施していない容量20リットル以下の飼育容器では、日々、いや数時間毎に確実にメダカの成育に害となるアンモニアが蓄積しているのである。このアンモニア濃度を出来るだけなくすために水換えをするのである。

メダカの排泄の80%以上はエラから排泄されている。糞として排泄されること以上にエラからアンモニアを排泄している部分を何よりも重視して貰いたい。水が汚れていると、エラからのアンモニアの排泄が浸透圧の関係で出来なくなり、水温が高くなる時期に水換えをしていなかった容器で「メダカたちが全滅する」のは、エサを食べ、アンモニアを排泄し

市販されている各種人工飼料

各メーカーから様々な用途に合わせた製品が発売されている。基本食用から繁殖前の養分補強用、体色の色艶をよくする色揚げ用の他、フ化間もない針子用や稚魚用など、メダカのサイズに合わせた製品もあるので、用途別にいくつか持っておくと便利である。メダカはエサを選り好みすることはあまりないが、だからこそ、飼育者が自分の飼育経験を積む意味でも、一度は各種の人工飼料を使ってみることは大切である。魚の健康状態、魚の成長速度、そして飼育水を傷めないところなども選択する上で大切である。

"竜章鳳姿"のペア。しっかりと水質管理をして、適切な餌やりをしていれば、メダカたちは毎日、元気に産卵行動を見せてくれる。ヒレ長個体の場合は産卵床に工夫をすると受精率を高めることにつながる

たいのに、水が汚れていて排泄が順調に行えないために、メダカが自分の体内から排泄出来ないアンモニアで自家中毒を起こして死んでしまっていることがほとんどである。

また、飼育水が汚れていると、メダカはエサを食べる量を減らしもする。排泄が順調に出来ない状態では、メダカも自己防衛本能を発揮して、エサを食べない、あるいは健康状態が悪くなり、食い気がなくなってくるのである。水換えは「メダカにエサを食べさせるために不可欠！」と思っておくと良いだろう。綺麗な状態の飼育水中のメダカたちは、エサも活発に食べるからである。水換え直後のメダカの泳ぎ、動きを一度、観察してみて貰いたい。全てのメダカたちが水換え直後の環境内で、エサを探している姿を目の当たりにするはずである。

◇人工配合飼料

今日、メダカ用として市販されている人工飼料は、それだけを与えていてもメダカを状態良く、繁殖力も旺盛に育成することができる。以前はグッピーなど小型熱帯魚用の人工飼料を与えることもあったが、現在では各メーカーから稚魚用や繁殖種親用などメダカのサイズによる製品や、赤の色揚げ用、輝きを増すための成分を配合した製品など、様々なメダカ用飼料が販売されている。

各種人工飼料には、保証成分が記載されている。粗蛋白、粗脂肪、粗繊維、水分、粗灰物、りんなどの含有量が書かれている。あまり見られないかもしれないが、この部分だけを見て、「高蛋白のエサを与えている」と思われる人もおられるだろうが、この成分よりも、使用原料の方をしっかりと一度、見てみると良いだろう。人工飼料の質の良さは、原料の良さが最も重要である。また、高蛋白のエサは、それだけ食べ残しや未消化の排泄物が飼育水を汚しやすいということも同時に知っていたい。人工飼料の良さは数値だけではなく、飼育容器の大きさ、飼育者の水換え中心の日常管理の間隔などを考慮して、自分の飼育スタイルに合ったエサを見つけることも

大切である。

自分に合った人工飼料を見つける方法は「実践あるのみ！」さまざまな人工飼料を与えてみて、メダカの口のサイズに合い、食べっぷりの良い人工飼料を自分なりに選ぶことが何よりである。一種類だけでなく、数種類の人工飼料を使うようにすると、よりメダカを調子良く、飼育することができる。

多くの飼育容器数、飼育尾数を管理している場合、人工飼料の購入費もバカに出来なくなる。そういった経費節減時に、"おとひめ"や"リッチ"、"ライズ"などの水産養殖用の人工飼料をメダカ用に転用する方法も知られている。

◇エサの与える量はなるべく一定に保つ

メダカは食い貯めがきかない魚で、常にエサを求めているように振る舞う。そのためどんどんエサを与えたくなるのだが、やはり何より飼育水を良好に保つことを心掛けることが大切で、餌やりは「一回に与える量は少量ずつ」が基本である。基本的には朝夕の2回、5分間ほどで食べきれる量を与えるようにしたい。そして食べ切るまでの時間、メダカの動きや食べっぷりを観察し、日々、メダカたちの健康チェックをするようにしたい。

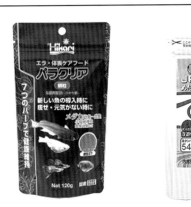

人工飼料を使うことでメダカの健康管理が出来る人工飼料も近年は開発され、市販されている。まずは数ヶ月使い続けてみて頂きたい

MEDAKA ProFile 100

Lecture Part
メダカの健康管理

メダカに限らず、水槽などで生物を飼育していれば、大切なメダカを病気に罹らせてしまうことがあるだろう。水槽という閉鎖的な環境から自分から出ていくことができないメダカは、体調面でも飼育者にその管理を委ねているのである。飼育者は、日常管理を怠ることなく、日頃からメダカのために快適な環境を作ろうとする飼育法を実践していくことが重要である。メダカの状態を毎日観察して、ちょっとした異常をなるべく早期に見抜けるようにしよう。人間の病気と同様、メダカの病気にしても「早期発見」が何より大切なのである。

◇病気を出さないために

メダカは体も小さく、本格的な病気の症状を見せるようになると、基礎的な体力が小さいため、死に至ること少なくない。また、病気の発見が遅れると治療できる可能性も小さくなることをまず知っていていただきたい。大切なことは、「病気を出さない！」ことである。

●黒体色特有の疾病をコントロールする

"ブラックリム"系統を始めとする黒体色系統のメダカでは、体表に小さな白い点々や白い膜が出来ることが少なくない。これは飼育する以前から魚そのものが病原菌を持っている可能性が高く、水質の変化やある一定期間が経つと症状が現れることがある。

"五式"系統では、導入後二週間ほどの期間は検疫的な薬浴をすることが望ましい。新しくメダカを加える時には、病原菌を持ち込むこともあり、それまで状態よく飼育していたメダカと同居させると先住の魚が調子を崩すこともある。違う場所で飼育されていた魚同士をひとつの飼育容器に導入する時も、２カ所以上の水が混ざることで、水のバランス（多くの場合、バクテリアのバランス）が崩れ、見た目に健康な個体も状態を悪くすることがある。

これを防ぐには、新しく購入したメダカを検疫的に薬浴、消毒することが大切である。"ブラックリム"系統の場合、飼

黒体色のメダカでは体色の関係で見えやすいこともある"コスティア症"、あるいは"トリコディナ症"に罹った個体。しっかりと薬浴して治療しておきたい

育容器に入れる前に0.5％の濃度での塩水浴とヒコサン、アグテンなどマラカイトグリーン水溶液を適量使っての薬浴を２～３日行うことである。

保温器具を使用する熱帯魚と違い、メダカや金魚は常温での飼育が一般的である。そのため、気温変化が大きい秋や春、梅雨時などは日毎に水温が変化し、１日で5℃以上の温度変化があることも普通にある。水温の急激な変化はメダカに直接、影響を与えるもので、自然界では自ら泳いで暖かいところ、あるいは寒さや暑さをしのげるところに移動することもできるが、飼育容器内ではそうはいかず、それだけ体力を消耗することにつながる。そのため、飼育者が「今日は水温が下がった…」あるいは「今日は急に暑くなった…」ことを感じ、メダカがどのような状態になっているかを、通常時以上に気をつかって状態を観察してもらいたいのである。水温だけで病気になることはそう多くはないものの、例えば水が汚れている時に急に水温が上がったり、産卵期に入っている梅雨時に急に水温が乱高下する突発的な状況では、メダカが状態を悪くすることも少なくない。水温に気をつかうこともメダカの健康状態を良好に保つためには重要であることを覚え

ておいていただきたい。

　雨水が入りっぱなしになる環境は特に注意が必要である。長雨で水温が低下すれば水生菌症になりやすくなるし、雨後に急激な水温上昇が起こるような状況では、水質が急激に悪くなり、飼っていた容器内のほぼ全ての魚が死んでしまうこともある。雨天後は早めに水換えをして対処したい。

◇病気の症状と原因
●トリコディナ症

　Trichodina、*Trichodinella*、*Tripartiella*、*Dipartiella*、及び *Foliella* という繊毛虫が寄生して起こる疾病である。*Cyclochaeta*属とも呼ばれていたので、サイクロキータ症とも呼ばれていた。『星田めだか』の妹尾和明氏が顕微鏡で寄生を確認している。

　メダカの体表やエラに寄生し、鼻孔や輸卵管などの内腔にも寄生する。頭部や背部に寄生することが比較的多く、寄生部は白濁して見える。"オロチ"や"五式"系統では意外に多く見られる疾病で、0.2％の食塩濃度の塩浴、マラカイトグリーン、ニフルフラジンによる薬浴が効果的である。

●キロドネラ症

　トリコディナ症同様、体表に粘液が過剰に分泌して白くなる部位が密在する病気がある。*Chilodonella cyprini*（キロドネラ・キプリニィ）という繊毛虫が原因となる疾病である。体表よりエラへの寄生が問題で、メダカの泳ぎが速くなり、体表を物に擦りつけようとするなど普段の泳ぎとは違う動きを見せる。水中酸素の溶存量が減ると窒息死することもある。対策としては、トリコディナ症同様、0.2％の食塩濃度の塩浴、マラカイトグリーン、ニフルフラジンによる薬浴が効果的である。最近は入手が面倒になってしまったのだが、ホルマリンによる短時間薬浴が効果的である。

●鞭毛虫症

　最も一般的な鞭毛虫症はウーディニウム症と呼ばれる体表にごく細かい白い点が密在する疾病で、*Oodinium* spp,という鞭毛虫が寄生する疾病である。白雲病とも呼ばれるコスティア症（*Costia* spp,）や腸内に寄生するヘキサミタ症（*Hexamita* spp,）などが知られており、いずれも今日のメダカではその病気も頭の中に入れておいた方が良くなってきている。ウーディニウム症やコスティア症の治療にはマラカイトグリーン水溶液やホルマリン浴が効果的で、ヘキサミタ症は腸内の駆虫を必要とするので、エサに駆虫効果のある薬を少量混ぜて与えることも効果的である。人工飼料のパラクリアなども根気強く与えることも効果はある。

●吸虫病

　主にエラに吸虫が寄生する疾病である。ギロダクチルス、ダクチロギルス、あるいはシュードダクチロギルスという吸虫がエラに寄生する疾病で、『星田めだか』の妹尾和明氏がギロダクチルスを顕微鏡で寄生を確認している。プラジカンテルでの薬浴で寄生場所から離脱する。「肌虫（はだむし）」と呼ばれることもあり、魚類用のプラジカンテルは錦鯉の薬として購入することが可能である。日本動物薬品から市販されているレスバーミンも効果がある。

◇ "ブラックリム" 系を上手に飼育繁殖するために…

"五式"系統を飼育していて、順調に産卵をしていた成魚が突然、産卵を止め、次第に産卵しなくなり、一週間ほどで痩せ始めることがある。まずはマラカイトグリーン水溶液による薬浴、食塩を0.5％濃度にしての塩水浴を数日間継続し、体表の寄生虫を根絶させることに集中したい。そして、それを二～三週間に一回繰り返すことで、健康な個体に立て直すことが出来る。「しっかりと時間をかけて寄生虫を根絶させる」それに尽きるのである。稚魚にも寄生するので、まずは種親を健康な状態にすることを常に心掛けると良いだろう。健康な魚にすれば、黒系統のメダカも他品種同様、容易に飼育出来るようになることを早めに体得して頂きたい。

市販されている各種魚病気薬

メダカは強健な魚だが、水換えを怠ったり、水温の急変が続いたり、雨水が数日入り続けたりすると、調子を崩すことがある。魚の病気は調子が悪いと感じたら、なるべく早期に治療を開始することが大切である。0.3～0.5％の食塩水による塩水浴をすると同時に、各種症状に応じた魚病薬を適切に使用することも効果がある。ひと通りの魚病薬をストックしておくに越したことはない

Mr. Kazuaki Senoo. He is one of Top Level Brilliant Medaka Breeder

"竜章鳳姿"、"乙姫"、"白姫" など "ブラックリム" 系統を操る…

星田めだか　妹尾和明

　"乙姫" から白体色の個体群を固定され、"白姫" の呼称を付けられ、"乙姫" を松井ヒレ長化されたものは "竜章鳳姿" の呼称が使われるなど、人気を得た系統を作られた方が、岡山県井原市在住の妹尾和明さんである。

　2022年、妹尾さんのメダカ飼育設備は一新され、それまであったメダカ飼育用のハウスを取り壊され、現在の新たな飼育場全体約300坪を更地にしてリニューアルをされたのである。そこでは、150リットル容器が150個、400リットル容器が200個をメインの飼育容器として使われているのである。妹尾さんのメダカ飼育歴は10年ほどなのだが、中学時代から20歳になるまで、アジアアロワナ、淡水エイ、ダトニオなど大型熱帯魚を飼ってこられた経験が、メダカ飼育の日常管理に活かされていることは、妹尾さんのメダカの状態、飼育水の状態を見て、すぐに理解できるのである。元々は妹尾さんのお母さんが自宅前でメダカを飼育されておられ、その影響も受けておられたのである。結婚され、お子さんが生まれ、生活のリズムが落ち着いた頃に魚類の飼育を復活されたのである。

　妹尾さんが現在、繁殖させている品種数は50品種程度だ

そうで、品種に偏らずに、人気のある一般種を中心に作っておられる。それでも、妥協しない選別淘汰が妹尾さんのメダカの質を高めているのである。「水換えは水が濁ってきたらすぐにやります。グリーンウォーターにはしません」というのが妹尾さんの基本的な飼育法のベースになっており、「容器の底が見えないような状態にはしません。メダカがしっかり見えないとコンディションが判りませんから」と妹尾さん、取材時に、顕微鏡でメダカの寄生虫探しを始められたことがあり、この研究心、探究心の旺盛さもまた、妹尾さんが作る強健なメダカ作りに大いに役立っているのは間違いない。「売れる品種」というものは決まっておらず、作り上げられた系統が魅力があれば、愛好家から欲しがられる存在になるのである。

『星田めだか』の妹尾和明さん。高い飼育、繁殖技術をお持ちの作り手である

"ブラックランス" のハウスネームで知られる "オロチRLF" × "サタン" のF3に "阿形" を交配して作られた系統

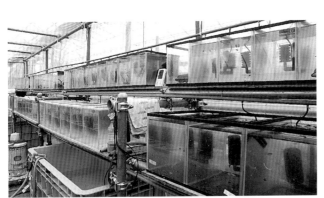

『星田めだか』さんの選抜産卵させている設備

"竜章鳳姿"

"みかん" と名付けられた細かく密在するラメが特徴的な系統

"白姫"

『星田めだか』さんのグループ産卵させているプラ舟群

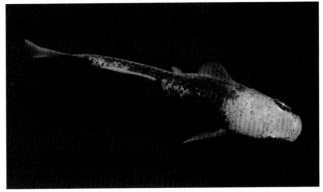

"乙姫"

アースアイとブラックリムの組み合わせの魅力

角膜上のグアニンの輝き

Looks Great, Earth-Eye on Black-Rim Strain

"北辻ヒレロング God アースアイ" ×{("田" × "北辻ヒレロング God") × "北辻ヒレロング炎 RLF"} 撮影個体／『美夜古めだか』

　2022年、香川県三豊市在住の『漆黒めだか』、森藤秀太氏が進められた、目にグアニン層が入り込み、青く見える "クムブルー" を見せて頂いた。

　このブルーに目が輝く特徴は、ピュアブラックなどスモールアイの系統で10数年以前から知られていたのだが、最近のブルーに輝く目をもった系統はスモールアイではなく、普通目で青く光るものが多くなっている。群馬県みなかみ町在住の『猿めだか』さんの "ゾンビ（喪屍）" などが広く知られるようになり、顕性遺伝（優性遺伝）することもあり、2023年以降、全国各地のブリーダーによって、様々なブルーアイを持つメダカが作られるようになった。

　群馬県桐生市在住のスモールアイやフルブラックのメダカを作る名人とも言える高草木二三男氏に経緯を伺って確信出来た事は、スモールアイを起源として、グアニンが角膜上や鎌状突起上、虹彩上に現れるようになったと考えるのが妥当であろう。そして、高草木さんの言われた「ブルーもいたし、ホワイトもいたし、赤い目をしたものもいた」という言葉が更にこの目の輝きを知ろうとする気持ちを強めたのである。『猫飯』の池谷雄二氏は、"プラチナアイ" と名付けた角膜上にグアニンが点在する目を持つものの遺伝を確認された一人で、その池谷氏が、ブルーに輝く目を持つものを「アースアイ」と呼ぶことを提唱された。「アースアイ」でネット検索すれば、「虹色のような眼」、「青い眼にブラウンの要素が混ざった色」として紹介されている記事に繋がる。その色合いは鮮やかなブルーアイから灰色っぽいブラウン、緑眼や琥珀色など個体ごとに幅があるとも紹介されている。まさに、メダカの青く輝く目や黒体色以外の同じ表現では青さは淡くなり、シルバーあるいはゴールドに輝く

ものになることから、当社のメダカ関連書籍では、この "アースアイ" を使うことにした。

　「何故？目の中にグアニンが流れ込むのか？」のメカニズムはまだ不明だが、異品種交配で顕性遺伝することは確実で、黒っぽい体色のもの同士を交配すると30％程度以上、"アースアイ" がF1で出てくることが多い。また、"アースアイ" 目と体側全体のラメの質感、肌の質感が違うように思えるもののグアニンの存在位置の変化もこれから追究されるところである。"アースアイ" を持つもので、体側上方に強い光沢を持つものが知られるようになり、琥珀体色や黄色体色のものでは、金色に輝くような光沢を持つものも知られるようになっている。

　"ブラックリム" 系統でも、既に "アースアイ" を持つ系統が作られており、今後の変化が楽しみになってきている。

"鬼神（きしん）"（"ブラックダイヤ北辻ヒレロング"×"喪屍"）×（"鯰武"×"喪屍"）の交配で作られたF3以降の個体群。"エヴァ"をいち早く作られた『Fuji Aqua Green』の川口氏は、この"アースアイ"系統を様々な品種で作られている　撮影個体/『Fuji Aqua Green』

"アースアイ"になった"五式系統"　撮影個体/『美夜古めだか』

"喪屍（ゾンビ）God"ד五式 陽"光体形の交配で作られた"アースアイ"になった個体。"五式"の色合いを維持することと、光体形を得るための掛け合わせである　撮影個体/『Aqua Lux』

"アスル"　良質な"五式 Type-R"の作り手のお一人、『我流めだか』さんが作る"アースアイ"　撮影個体/『我流めだか』

"アースアイ北辻ヒレロング"　背ビレ、しりビレに伸長部位があり、この魚のアクセントになっている　撮影個体/『Fuji Aqua Green』

"和流（わる）"の呼称で"アースアイ"血統を入れられた系統。白体色個体　撮影個体/『総和めだか』

"和流（わる）"　撮影個体/『総和めだか』

Aquatic Plants that fit MEDAKA
メダカと水草
日本で見られる水草とメダカを楽しむ。

マツモ

●マツモ
Ceratophyllum demersum

　以前は、街の金魚屋さんや観賞魚店などで扱われる手軽な水草と言えば、金魚藻とも呼ばれるカボンバとアナカリスの二種類であったが、最近ではマツモを見る機会も増えており、メダカの飼育槽にも入れられる光景が増えている。

　マツモは世界各地に広い分布を持つ水草で、日本でも各地の池沼や水路、水田地帯など多様な環境で見ることができる有茎の水草である。カボンバなどと違い、根を持たず、水面下を浮遊していることから、沈水性浮遊植物と呼ばれる。茎から、一見、根に見えるような「仮根」と呼ばれる茎を水底に伸ばすこともあるが、多くは固着せずに水中を漂うようにして生育する。アクアリウムでは、普通の水草のように茎を切った所を底砂に植え込んでいる光景も見かけるが、あくまで固定されているだけで、根付いて生長する水草ではない。

　基本的には、飼育容器にはそのまま投入するだけでよい。ただ、水面下に広がるように繁茂するので、水草レイアウト水槽などでは、水底に植え込んだ水草が光量不足になってし

まうこともある。それほど強い光量を当てなくとも生長する強健な種なので、室内容器でも育てることができるが、やはり日照の当たる屋外で栽培していると、間延びしない葉を密にしたしっかりとした姿に育てることができる。水質への順応性も高く、メダカの飼育環境でも問題なく生長し、水中の老廃物などを吸収することで水質維持の一端を担うことにも役立つ。植え込む必要もないため、カボンバよりも栽培が容易な水草である。

　マツモの生長速度は速く、春から初夏では、あっという間に容器を埋め尽くすほどになることもある。伸びた茎を適当な所で千切ると、頂芽のある先端部はそのまま生長を続け、根元部分は切り口から枝分かれするようにして伸びていく。環境が合っていれば、数cmほどに千切った茎でもそこから生長する。千切った部分を他の容器に入れることで、容易に増やしていくことが可能である。ただし、あまり密生させてしまうと、容器の水面を覆い尽くしてしまい、やがて水中部分にも広がっていく。すると、その葉の堅さからメダカは中に入っていかないために、遊泳スペースが少なくなってし

水面に広がるようにして生長していくマツモ。適当な所で千切ると、そこから枝分かれするように増えていく

丈夫で育生の容易な水草である

明るい緑色の細い葉には独特の堅さがある

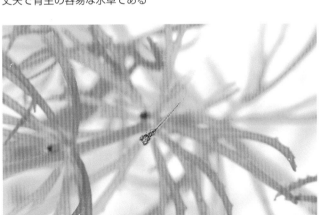

マツモの堅い葉は稚魚の隠れ家にもなる

岡山県の用水池に繁茂していたマツモ

まったり、水面での鑑賞がしづらくなってしまうこともあるので、適度に千切るなどして間引くようにするとよい。頂芽のある先端部の方を残し、葉が抜け落ちてくる根元の方を取り除くようにすると、見た目にも綺麗である。

　マツモの葉は、カボンバと同様に細い形状をしているが、カボンバとの大きな違いは堅さである。触ってみるとすぐにわかるが、マツモの葉は触り心地がしっかりとしており、ち

くちくと感じる細かな突起があるのが特徴で、カボンバのような柔らかさは感じない。そのためか、マツモの葉が密生している所にはメダカは入り込むようなことはあまりしない。しかし、フ化してすぐの針子などメダカの稚魚にとっては、葉の隙間に小さな体で入り込むことができるため、よい隠れ家にもなる。親が一緒に入っている容器でも、稚魚たちは水面のマツモの中で過ごすことができる。

CONTENTS

MEDAKA ProFile 100

五式、紅薊、乙姫 ブラックリムを持つメダカ

■撮影・執筆・企画■

森 文俊（Fumitoshi Mori）

岡山県生まれ。日本大学農獣医学部水産学科卒業。日本産淡水魚、帰化生物、熱帯魚など魚類全般の撮影を主とするフリーの写真家。魚類の繁殖生態、遺伝に特に興味があり、メダカでは楊貴妃メダカ、アルビノメダカ、ヒレに変化を持つメダカなどに強い興味を持つ。2007年からメダカの撮影を開始する。『メダカ百華』では企画、編集、取材、撮影を担当、創刊号から第16号までに訪ね歩き、メダカ愛好家取材は150人を超えた。著書に『手に取るようにわかるメダカの飼い方』、『人気の改良メダカ上手な飼い方』、『金魚伝承』、『メダカ百華』、『メダカ品種図鑑』、『フィールドブックス淡水魚（山と渓谷社）』など多数がある。

■撮影・執筆■

東山泰之（Yasuyuki Toyama）

神奈川県生まれ。専門学校卒業を経て、出版社、フォトエージェンシー勤務の傍ら、1991年より熱帯魚の撮影を始める。2000年に（株）ピーシーズに入社する。撮影、執筆を担当し、メダカでは斑系統や体内光メダカに特に興味を持ち飼育、繁殖を楽しんでいる。

■撮影・取材協力■

我流めだか、西郷めだか、総和めだか、美夜古めだか、夢中めだか、近藤泰幸、神原美和、美心めだか、チャチャめだか、（株）クロコ、（株）清水金魚、栗原養魚場、河口湖めだか、まなちゃんめだか、Fuji Aqua Green、日本改良めだか研究所、鎖めだか、小寺義克、Next Medaka、華大めだか、星田めだか、メダカ屋サバンナ、やかげめだかの里、めだかっこキングダム、横浜めだかファクトリー

STAFF

Chief Editor
森　文俊

Editor
東山泰之

Co-operator
下山真貴子

MedakaProFile100
Vol.003　五式、紅薊、乙姫　ブラックリムを持つメダカ
初版発行：2024年1月31日
発行所 / 株式会社ピーシーズ
〒221-0802　神奈川県横浜市神奈川区六角橋 3-19-9
TEL.045-491-2324
FAX.045-491-2376
印刷・製本 / NMN 微商広告

Published by PISCES Publishers Co.,Ltd.
3-19-9 Rokkakubashi, Kanagawa-ku Yokohama-City
Kanagawa Pref. 221-0802　JAPAN
©2024 PISCES Publishers Co.,Ltd.
Printed in Taiwan R.O.C.

ISBN978-4-86213-147-8

C2076 ￥909E

定価 / 1000円（本体 909円＋税）
発行 / 株式会社ピーシーズ
Printed in Taiwan R.O.C.